董仁威 编著

生命三部曲

自然进化

时代出版传媒股份有限公司
安 徽 教 育 出 版 社

图书在版编目（CIP）数据

生命三部曲. 自然进化 / 董仁威编著. —合肥：安徽教育出版社，2016.9（2019.3重印）

ISBN 978-7-5336-8415-0

Ⅰ.①生… Ⅱ.①董… Ⅲ.①生物—进化—普及读物 Ⅳ.①Q11—49

中国版本图书馆 CIP 数据核字（2016）第 226643 号

生命三部曲 · 自然进化

SHENGMING SANBUQU · ZIRAN JINHUA

出 版 人：郑　可
质量总监：张丹飞
策划编辑：杨多文　张长举
责任编辑：徐家莉
装帧设计：袁　泉
责任印制：王　琳

出版发行：时代出版传媒股份有限公司　安徽教育出版社
地　　址：合肥市经开区繁华大道西路 398 号　邮编：230601
网　　址：http://www.ahep.com.cn
营销电话：(0551)63683011，63683013
排　　版：安徽时代华印出版服务有限责任公司
印　　刷：三河市南阳印刷有限公司

开　　本：650×960　1/16
印　　张：12
字　　数：180 千字
版　　次：2019 年 3 月第 1 版 · 第 3 次印刷
定　　价：26.00 元

（如发现印装质量问题，影响阅读，请与本社营销部联系调换）

笔者从 1979 年开始从事生命科学和现代生物技术的普及工作，并于当年完成第一部科普图书——《遗传工程趣谈》，由四川人民出版社出版发行。

1978 年全国科学大会召开以后，我国迎来了一个科学的春天。在那气候宜人的春天里，大江南北、长城内外蓬勃兴起了一股普及前沿科学和高新技术的热潮。在这段时间里，我国出版了许多深受读者欢迎的科普图书。毕业于四川大学生物系细胞学专业的笔者，自觉地把普及前沿科学——生命科学和高新技术之一——现代生物技术的社会责任担在身上，先后写作出版了《遗传工程趣谈》、《物种起源之谜》(再版时更名为《达尔文》，被纳入《中外著名科学家的故事》丛书，并获第十届中国图书奖)、《奇异的“魔法”》、《生物工程趣谈》(获第四届全国优秀科普作品奖)、《破译生命密码》、《生命“天书”》(2004 年中宣部及新闻出版总署向全国青少年推荐的优秀图书)、《万物之灵》等科普读物。

弹指一挥间，30 多年过去了，笔者已出版了 82 部科普图书。

不知从什么时候开始，科普图书已不如 20 世纪 80 年代那么受欢迎了。有些科普作家，包括笔者自己，爱怨天尤人，认为人们爱物质胜过爱科学，追求知识的热情消失了。

笔者静下心来，翻阅自己 30 多年间出版的科普读物，猛然醒悟：这不怪读者，要怪，只能怪我们作者自己啊！

20 世纪 80 年代，新中国的大门刚刚打开，外部世界全新的知识涌进国门，引起了国人极大的兴趣与关注，介绍这些国人见所未见、闻所未闻的知识的科普读物，自然受到热烈的欢迎。可是，在这以后的 30 多年间，在新知识哺育下的年青一代成长为社会的主力，年纪大一些的人也在各类科普活动中增长了见识，当初那些使人吃惊的科学进展，如今已成常识。比如，当年很少有人知道的基因、DNA等，如今几乎成了家喻户晓的词汇。

如果我们继续拿20世纪80年代那些“陈谷子烂芝麻”说事，自然成了“祥林嫂”，没有人爱听。

然而，是不是就不需要科普了呢？当然不是。通过一场场在全球范围内发生的转基因大战，我们就知道科普的重要性了。

近几年，在中国，关于转基因技术和转基因食品的争论牵动了全国人民的心，甚至引发了“拥转”人士与“反转”人士的对骂。对骂双方都已失去理性，扣帽子、打棍子、人身攻击，无所不用其极，行为已超出了科学争辩的范畴。

一批反转基因作品随之风靡中国。《崔永元转基因纪录片》、美国人史密斯的反转基因著作《转基因的赌局》、柴卫东著的《转基因战争》和顾秀林著的《生化超限战》，受到众多人吹捧，成为“反转派”的有力武器，对中国出现的“反转”浪潮起到了推波助澜的作用。

深究一下“拥转派”与“反转派”的论点和著作，我们可以发现，两派人士都在以21世纪生命科学与现代生物技术的新进展说事。由于对这些新事物不甚了解，读不懂两派专家的理论，公众也就无法辨明是非。

笔者梳理了一下生命科学与现代生物技术的进展，发现30余年间生命科学这门前沿科学在理论上有许多创新，在这些创新成果上发展起来的现代生物技术也有了很大发展，而中国公众对这些创新和发展知之甚少，甚至一无所知。

在生命科学理论上的创新，莫过于表观遗传学的建立和拉马克获得性遗传理论的复活。

拉马克主义和达尔文主义都主张生物进化论，反对神创论，但在进化的机制上有分歧。拉马克主张“用进废退和获得性遗传”，强调环境变化在生物变异方面所起的“诱导”作用，但他主张变异是以一种趋于完善的需求的生物本性为主因的。虽然达尔文也认为生物本性比环境更重要，但他认为变异和环境是相互独立的，在环境发生作用前变异就已经产生了，环境只对变异起选择作用，生物以物种为单位通过生存斗争，适应环境的性状得以保留，不适应环境的性状被淘汰，即适者生存。

拉马克，这位进化论的先驱，由于其学说缺乏遗传学基础，所以在相当长的时间内，被世界遗忘了。但由于分子生物学取得的成就，遗传第二密码体系的发现，表观遗传现象的确认，拉马克的“用进废退和获得性遗传”理论重新得到关注。

随着人类基因组计划和许多动植物基因组计划的完成，人们对基因有了许多新的认识。比如，根据过去的理论，一段 DNA 序列编码一个基因，遇到终止密码，再编码下一个基因。现在，科学家发现，DNA 结构并不像过去人们认为的那样简单、一目了然，实际情况要复杂得多。一个基因的编码，不一定是一段连续的 DNA 序列。换句话说，一个基因的编码被分割成几段，可能一段编码蛋白质的前三分之一，后面的一大段与编码蛋白质无关，接下来的一段编码后面的三分之一，再一段编码剩下的三分之一，基因被分割成独立的编码区域。内含子和外显子的交替排列构成了断裂基因。

由于断裂基因、修饰基因、跳跃基因、调控基因等多种基因及其功能的发现，表观遗传学得以建立，人们开始掌握基因调控生命的复杂机制。

同时，在生命科学前沿基础理论发展的基础上，细胞工程、基因工程等现代生物技术有了长足的进步，从生物的自然进化迈入人工进化的步伐加快了。人工进化由初级阶段的人工选择、杂交和诱变育种发展到中级阶段——细胞工程，在克隆生物、干细胞移植等现代生物技术的应用中取得了突出的成就，进而迈入高级阶段——基因工程。基因工程从转基因技术的初级阶段发展到蛋白质工程的中级阶段，再进入分子进化工程的高级阶段。21 世纪初，人工进化与基因工程进入一个超级阶段——合成生物阶段。

这些生命科学与现代生物技术的新进展，公众，包括一些非专业的科学工作者很少知道，这导致许多人，包括部分“社会精英”产生了困惑。因此，普及当代生命科学和现代生物技术知识的使命摆到了科普作家的面前。笔者遂将毕生追逐生命科学与现代生物技术足迹的资料做一整理，编写了这套《生命三部曲》，包括《自然进化》、《人工进化》和《合成生物》，奉献给读者。这不是一套学术专著，也不是实用技术普及读物，而是一套用“科普”的写法编著的关于生命科学与现代生物技术的科普读物。这也不是一套教科书，不求读者能从中学到多少科学知识，只求读者能从这套浅显但并不浅薄的科普书中获得阅读的快感，并有所感悟。如此而已。

有人主张人类不应干预自然。他们对人类掌控生命，使生命从自然进化迈入人工进化持有异议，希望人类退回茹毛饮血的狩猎时代。特别是如今，人类跨出一大步，在生物的基因上“动手动脚”，大搞“转基因”和“合成生物”，这引起了他们的愤怒，掀起了“反转基因”的热潮。

然而，人类本身就是大自然的一部分，人类对自然的干预也是一种自然力。如果人类亦如其他生物一样听任大自然的摆布，可能早已灭绝。问题是，目前人类对自然的干预有些过度，使人类和地球面临被毁灭的危险。人类必须学会控制自己的行为，适可而止！

我们应该清醒地认识到，当我们还在转基因的是非问题上争论不休时，生命科学与现代生物技术的迅猛发展已把转基因技术甩在了后面。21世纪初，在分子进化工程基础上发展起来的合成生物技术，比转基因技术更加先进，将使人类步入自由掌控生命的超级阶段。

笔者希望，“拥转派”与“反转派”尽快终止对骂，国家相关部门腾出宝贵的时间、精力、人力、物力和财力，整合我国并不落后的分子生物学、基因工程、信息科学、计算机科学和工程技术力量，全力以赴进行合成生物学及其技术体系的研究和创建。

须知，落后就要挨打！

董仁威

2016年5月22日

目录

第一章　特创论

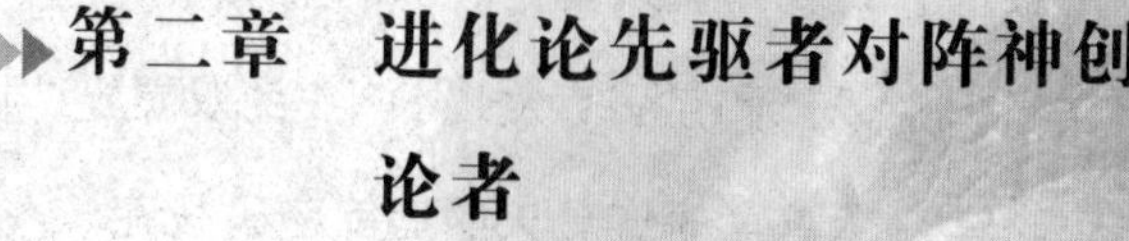

第二章　进化论先驱者对阵神创论者

第三章　科学巨匠达尔文创立生物进化论

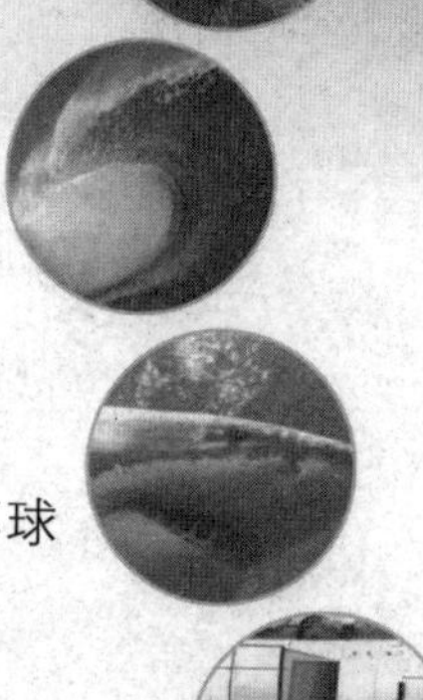

第四章　遗传规律的发现

第一章　特创论

特创论是一些信仰宗教又从事科学工作的人提出的。他们认为，古代的宗教教义与科学理论是可以兼容的。上帝造物论不过是一种隐喻，世界万物，包括生命、物种形成的进化机制，都是一种至今还没有被人类认识的超自然力创造的。

从古至今，“我们人类从哪里来”一直是一个难题。这个难题提起来容易，回答起来却很困难，被认为是三大科学难题（生命起源、物质起源、宇宙起源）之一。

《圣经》中的答案

导言

翻开《圣经·旧约全书》，第一章《创世记》赫然写着我们现在还在冥思苦想的问题。

起初，神创造天地。地是空虚混沌，渊面黑暗。神的灵运行在水面上。神说，要有光，便有了光。神看光是好的，就把光暗分开了。神称光为昼，称暗为夜。有晚上，有早晨，这是头一日。神说，诸水之间要有空气，将水分为上下。神就造出空气，将空气以上的水、空气以下的水分开了。事就这样成了。神称空气为天。有晚上，有早晨，这是第二日。神说，天下的水要聚在一处，使旱地露出来。事就这样成了。神称旱地为地，称水的聚处为海，神很满意。神说，地要长出青草，结种子的菜蔬，结果子的树木，果子都包着核。事就这样成了。于是，地就长出了青草，结种子的菜蔬，结果子的树木，果子包着核。神很满意，有晚上，有早晨，这是第三日。神说，天上要有光体，可以分昼夜，做记号，定节令、日子、年岁，并要发光在天空，普照在地上。事就这样成了。于是，神造了两个大光，大的管昼，小的管夜。神又造了众星，就把这些光摆列在天空，普照在地上，管理昼夜，分别明暗。神很满意，有晚上，有早晨，这是第四日。神说，水要多多滋生有生命的物，要有雀鸟飞在地面以上，天空之中。神就造出大鱼，造出在水中滋生的各种动物，又造出各种飞鸟。神很满意。神就赐福给这一切，说，滋生繁多，充满海中的水，雀鸟也要多生在地上。有晚上，有早晨，这是第五日。神说，大地上要生出活物来，要有牲畜、昆虫、野兽。事就这样成了。于是，神造出野兽，造出牲畜，造出昆虫。神很满意。神说，我们要照着我们的形象，按照我们的样式造人，使他们管理海里的鱼、空中的鸟、陆地上的牲畜和昆虫。神就照着他的形象造男造女。神就赐福给他们，对他们说，要生养众多，布满大地，也要管海里的鱼、空中的鸟、陆地上的活物。神说，看哪，我将遍地一切植物上结的种子、一切树木上结的果子给你们，只把青草留给牲畜和野兽。事就这样成了。神很满意，有晚上，有早晨，这是第六日。

亚当与夏娃

如此说来，我们人类其实是神"克隆"的。人就是"克隆神""机器神"。《圣经·旧约全书》第二章细致地描述了神造人、克隆神的过程："神用地上的尘土造人，将生气吹在他的鼻孔里，他就成了有灵的活人，名叫亚当。"亚当是神造出的第一个男人。神说："那人独居不好，我要为他造一个配偶帮助他。”于是神使他沉睡，他就睡了。神取下他的一根肋骨，造成一个女人。神将亚当的伤口治愈，使他醒过来，把女人领到他的面前，对他说：“这个女人是你骨中的骨，肉中的肉，因为她是用从你身上取出的骨肉造出来的。你们要联合起来，成为一体。”亚当给这个女人取名叫夏娃。后来，亚当和夏娃在伊甸园里偷吃禁果，结婚生子。亚当便是众生之父，夏娃便是众生之母。人类从此繁衍下去。这个造人的神叫耶和华。耶和华的杰作，特别是他造的女人实在太美丽，令耶和华的儿子们羡慕不已。他们竟随意挑选美貌的“机器女神”——女人为妻，产生了许多上古英武有名的“人神杂种”。后来，耶和华看到他一手造出的人类罪恶深重，成天想的尽是干坏事，后悔了。他除了将品格高尚的诺亚一家及部分动物保存在方舟内以外，降洪水淹没大地150天，使其余的人和动物全部毁灭。洪水退后，幸存的诺亚筑了一座祭坛，为神献上好吃的牺牲品。神耶和华闻到牺牲品的馨香之气，受了感动，与诺亚及其后人立约，只要人能除去从小就有的恶念，改恶从善，他就让人活下去，生生不息，不再灭绝了。

这就是我们从《圣经》里看到的第一个答案：生命是“神——耶和华”创造的，他按“神”的模样设计和制造了“机器神”——人，赋予人以神的模样，并注入了神的灵魂。为了人的生存繁衍，神还制造了为人提供食物的各种动植物。

《圣经》中的这个故事来自古巴比伦的一块石头。人们从古巴比伦废墟中挖掘出的楔形文字，记载着神在6天之中创造了世界和用黏土塑成第一个人的故事。后来这个故事被希伯来人挪到了《圣经》中，成为神圣不可侵犯的“上帝创造万物”的宗教教义。

在现代，许多坚持宗教信仰又从事科学的人，认为宗教可以和科学一致，他们认为《圣经》所记载的是一种隐喻，创造物种和人类的科学机制是超自然的干预，这就是所谓进化的特创论。

特创论者普遍认为古典宗教教义是对上帝创造和科学理论兼容的演变。特创论者认为，可以用科学的方法重新诠释古老的宗教文本，使之符合现代科学关于进化的发现。应当指出的是，现在许多基督教教派拒绝接受完全的神创论，取而代之的是有神论的进化论，这也是现代天主教与自由神学学派的主要立场。

盘古开天地和女娲造人

导言

中国有盘古开天地，女娲造人的传说。

世界上有大大小小数百个国家和地区，无论东方还是西方，几乎每一个国家和地区都有自己的创世纪传说。

传说大约在三百二十六万七千年以前，天地还没有形成，到处混沌一片，既分不清上下左右，也辨不出东西南北，整个世界就像一个中间有核的浑圆体。人类的祖先盘古便在浑圆体的核中孕育而成。

盘古经过一万八千年的孕育才有了生命。他有知觉的那一刻，便迫不及待地睁开了眼睛。可是周围一片黑暗，他什么都看不见。急切间，他拔下自己的一颗牙齿，把它变成威力巨大的神斧，抡起来用力向周围劈砍。

浑圆体破裂了，沉浮成两部分：一部分轻而清，一部分重而浊。轻而清者不断上升，变成了天；重而浊者不断下降，变成了地。盘古就这样头顶天脚踏地地诞生于天地之间。

盘古在天地间不断长大，他的头在天为神，他的脚在地为圣。天每日升高一丈，地每日增厚一丈，盘古每日生长一丈。如此一日九变，又经过了一万八千年，天变得极高，地变得极厚，盘古的身体也变得极长。盘古就这样与天地共存了一百八十万年。

盘古想用自己的身体创造出一个充满生机的世界，于是他微笑着倒了下去，把自己的身体奉献给大地。在他倒下去的刹那间，他的左眼飞上天空变成了太阳，给大地带来光明和希望；他的右眼飞上天空变成了月亮；两眼中的液体洒向天空，变成黑夜里的万点繁星。他的汗珠变成了地面的湖泊，他的血液变成了奔腾的江河，他的毛发变成了草原和森林，他呼出的气体变成了清风和云雾，他发出的声音变成了雷鸣。

盘古倒下时，他的头化作东岳泰山，他的脚化作西岳华山，他的左臂化作南岳衡山，他的右臂化作北岳恒山，他的腹部化作中岳嵩山。从此人世间有了阳光雨露，大地上有了江河湖海，万物滋生，人类开始繁衍。

盘古死后，人们为了纪念这位创造世界的圣祖，在南海为他修建了盘古氏之墓。传说墓中仙居着盘古氏之魂，如今广西桂林还存有盘古祠，每年都有许多人到祠里去祭祀。

盘古开天辟地的故事，显然是古人对人类始祖的神化，体现出中华民族造福人类、无私奉献的伟大精神。

在中国古代传说中，盘古创造天地后，他的徒弟女娲创造了人类。

太古时代，盘古开辟了天地，用阴阳二气造出日月星辰、山川草木。那残留在天地间的浊气慢慢化作虫鱼鸟兽，为这死寂的世界增添了生气。

女娲造人

这时，有一位女神女娲，在莽莽的原野上行走。她放眼四望，山岭起伏，江河奔流，丛林茂密，草木争辉，天上百鸟飞鸣，地上群兽奔驰，水中鱼儿嬉戏，这世界按说也相当美丽了。但是她总觉得有一种说不出的寂寞，越看越烦，孤寂感越来越强烈，连自己也弄不清楚这是为什么。

女娲对山川草木诉说心中的烦躁，山川草木根本不懂她的话；对虫鱼鸟兽倾吐心事，虫鱼鸟兽哪能了解她的苦恼。她颓然坐在一个池塘旁边，茫然地看着池塘中自己的影子。忽然一片树叶飘落在池塘中，静止的池水泛起了小小的涟漪，使她的影子微微晃动起来。她突然觉得心头的死结解开了。为什么她会有那种说不出的孤寂感？原因原来是世界上缺少一种像她一样的生物。

想到这儿，女娲用手在池塘边挖了些泥土，和上水，照着自己的影子捏了起来。捏着捏着，捏成了一个小小的东西，模样与女娲差不多，也有五官七窍，双手两脚，捏好后往地上一放，居然活了。女娲一见，满心欢喜，接着又捏了许多。她把这些小东西叫作“人”。

这些“人”是仿照神的模样造出来的，行为举止自然与别的生物不同，居然会叽叽喳喳和女娲讲起话来。他们在女娲身旁欢呼雀跃了一阵，慢慢走散了。

女娲那寂寞的心一下子热乎起来，她想把世界变得热热闹闹的，让世界到处都有她亲手造出来的人，于是她不停地工作，捏了一个又一个人。但是世界毕竟太大了，她工作了许久，双手都捏得麻木了，捏出的小人分布在大地上仍然很稀少。她想这样下去不行，就顺手从附近折下一条藤蔓，伸入泥潭，蘸上泥浆向地上挥洒。结果点点泥浆变成一个个小人，与用手捏成的模样相似，这样一来速度就快多了。女娲见新方法奏了效，越挥越起劲，很快大地上到处都是人。

女娲在大地上造出许多人来，心中高兴，寂寞感一扫而空。她觉得很累，要休息一下，于是就四处走走，看看那些人生活得怎样。她走到一处，见人烟稀少，十分奇怪，俯身仔细察看，见地上躺着不少小人，动也不动，她用手拨弄，也不见动静，原来这是她最初造出来的小人，这时已头发雪白，寿终正寝了。

女娲见了这种情形，心中暗暗着急：自己辛辛苦苦造出来的人却不断衰老死亡，这样下去，若要世界上一直有人，岂不要永远不停地制造？这总不是办法。

女娲参照世上万物传种接代的方法，叫人类也男女配合，繁衍后代。因为人是世间仿神的生物，不能与禽兽同等，所以她又建立了婚姻制度，使之有别于禽兽乱交。后世人就把女娲奉为“神媒”。

自然神论

▶导言

一位以理性为本质的上帝按照理性法则创造了自然世界，但是这位上帝在一次性地创造了世界之后就不再插手世界的事务，而让世界按照既定规则正常运行。

17世纪，近代欧洲自然神论在英国发展起来。英国思想家赫尔伯特爵士被认为是自然神论的创始人。他在宗教神学领域倡导理性原则，贬低甚至排斥天启、迷信在宗教中的作用。

自然神论者认为，世界是一个巨大的机械装置，如一只放大了的表，为一位全智者所制造，制成之后他便不再干涉它的运转。

按照常识，一个自始至终有条不紊地运转的钟表比一个需要外力不断调节的钟表更加精美完善，前者的制造者一定比后者的制造者更加高明。同样，在自然神论者看来，一个需要对其创造物不断加以干预的上帝一定是一个拙劣的上帝，而一个一劳永逸地创造了世界之后任其按照既定规则正常运行的上帝才是一个真正智慧的上帝，恰如牛顿所言："我们只是通过上帝对万物的最聪明和最巧妙的安排，以及最终的原因，才对上帝有所认识。"英国的科学巨匠牛顿从某种角度看也是一个自然神论者。

牛顿在实验科学的基础上提出了万有引力定律，但是由于牛顿的机械论世界观把自然界看作是一个没有发展过程的既成事实，所以他无法用科学的观点来解释自然界的起源问题，从而导致他用上帝的一次性创造来解决这个理论难题。牛顿在宇宙中为上帝保留了“第一因”或“第一推动者”的位置，是为了给他的整个井然有序的机械世界寻找一个具有权威性说服力的开端或起点。

牛顿说：“这个由太阳、行星和彗星构成的最美满的体系，只能来自一个全智全能的主宰者的督促和统治。”

牛顿

自然神论还有一个特点，认为生命起源于设计。“设计”是自然神学的中心教义。现在最有影响力的特创论观点要数“智慧设计论”，其捍卫者宣扬，生命不可简约的复杂性来源于设计者的设计，并认为自身剔除了宗教的成分。比较著名的智慧设计论书籍《达尔文的黑匣子》，就突出地宣扬了这一观点。

此外，关于设计论证明的最经典的表述出现在英国神学家威廉·佩利 1802 年出版的《自然神学或自然现象中神之存在与属性的证据》一书中。在这本书中，佩利认为，如果我们在荒野中发现一只钟表，即使我们从来没有见过制造钟表的过程，也不认识制表的工匠，甚至根本不知道如何制造钟表，我们仍然不会对某时某地曾经有一位钟表匠的存在及其工作表示怀疑。以此类推，“设计物的每一标志、设计的每一体现，都存在于钟表之中，也同样存在于自然的作品之中，所不同的是，自然的作品形巨量大，以致在某种程度上可以说是无法计数的。但在大多数情况下，与人类最完善的产品一样，它们显然是适应于自身目的并从属于自身功能的设计物。”

17～18 世纪，科学尚未壮大到足以与宗教信仰正面抗衡，因此它不得不采取自然神论这种“犹抱琵琶半遮面”的形式，借助上帝的权威来为理性开道。在自然神论中，上帝虽然在名义上仍然保持着世界的创造者和主宰者的至高地位，但实际上已经被理性本身所取代，它不过是一个被理性的线索牵动着的傀儡。自然神论将上帝置于自然之外，然后通过把上帝的无限性赋予自然界本身而使上帝陷入一种没有立锥之地的尴尬状态中。它用自然来蚕食上帝，用理性来限制信仰，通过剥夺上帝的具体内容而使其成为一个抽象的符号，成为虚无。于是我们在自然神论那里就看到了这样一种对立：一方面是丰富具体的自然界，另一方面则是空洞无物的上帝。自然界越是丰盈完善，上帝就越是贫乏干瘪；理性越是气宇轩昂，信仰就越是形态猥琐。上帝的内容既然已经被自然蚕食殆尽，它就不得不最终化解于自然之中。因此，在稍后的斯宾诺莎的“泛神论”中，上帝就被完全等同于自然本身了。

18 世纪，法国启蒙思想家伏尔泰、孟德斯鸠和卢梭都是具有一定唯物主义思想或倾向的自然神论者。其中伏尔泰较详细地阐述了自然神论思想。在他看来，上帝命令一次，宇宙永远服从下去，他深信由物体的总和所构成的客观世界的存在。

18 世纪，德国文艺理论家、文学家莱辛，美国科学家富兰克林、政治家杰弗逊等人的哲学思想都属于自然神论。有的研究者认为客观唯心主义者莱布尼茨、不可知论者休谟和康德的思想也接近于自然神论。

美国科学院、美国医学院专门著有《科学、进化与神创论》，谈到了智慧设计论。2005 年，38 位诺贝尔奖得主公开发表申明“智慧设计论”基本是不科学的。

但是，我们不能说宗教就是反科学，要知道最早的自然科学都是在自然神学的社会状态下起步的，不难理解早期许多伟大的科学家都有宗教信仰。自然科学与神学的分离源于科学精神与科学方法。

科学与宗教信仰的范畴非常广泛，涉及文化的方方面面，科学研究不会削弱或危及信仰，人们可以在生活中对生命充满敬畏。科学不是为了反对宗教，科学是对某些宗教信条的质疑，是认识客观自然的必需过程。

科学家并不是像信仰上帝一样信仰进化论，这也说明了科学的特质。进化论建立在从自然界各方面搜集得来的大量证据之上。科学知识要想为人们所接受，必须经受住检验、再检验。进化论之所以为人们所接受，是因为它经受住了一个多世纪成千上万科学家的检验。与之相反，宗教信仰的重要元素是信仰，也就是说无条件地接受，不管有没有证据支持。科学家不能依靠信仰来接受科学结论，因为所有的结论都必须经受住检验。

除了实证精神，科学精神的另一部分是“批判与怀疑精神”。当代对进化论，特别是对达尔文以自然选择学说为核心的生物进化论的质疑，便是这种精神的体现。我们不能将达尔文主义当作教条，认为它神圣不可侵犯，而是要用实验或寻找实证来辨别真伪，服从真理，修正错误。同样，对创造论、灾变论、以设计为核心的自然神论，我们也不能给其贴上“反动”“迷信”之类的标签，而是要根据这些学说提供的证据，做出理性的判断。

第二章　进化论先驱者对阵神创论者

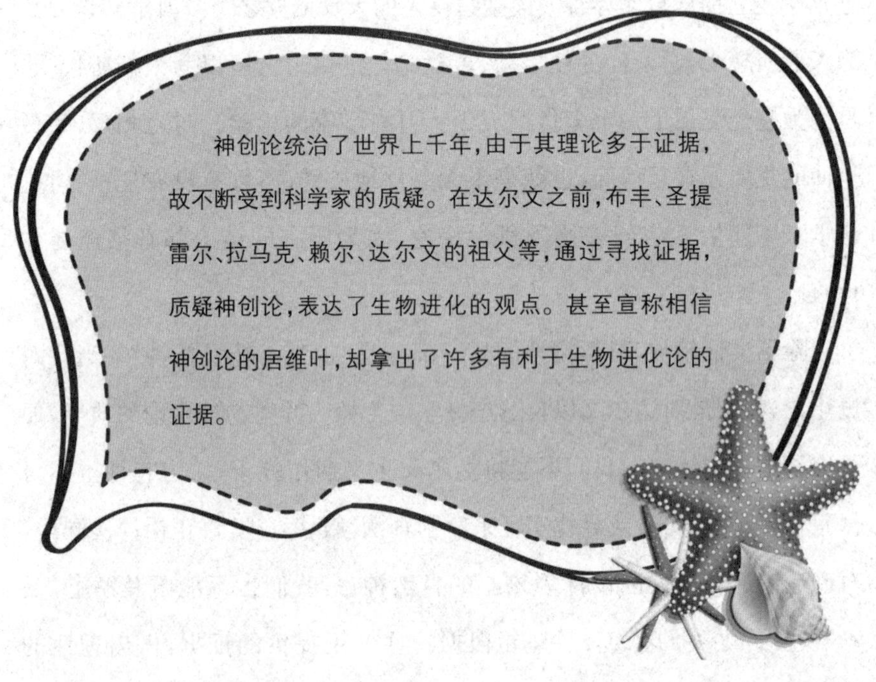

神创论统治了世界上千年，由于其理论多于证据，故不断受到科学家的质疑。在达尔文之前，布丰、圣提雷尔、拉马克、赖尔、达尔文的祖父等，通过寻找证据，质疑神创论，表达了生物进化的观点。甚至宣称相信神创论的居维叶，却拿出了许多有利于生物进化论的证据。

进化论先驱者布丰的贡献

导言

首先怀疑神创论的科学家是法国科学家布丰，他认为有些物种是退化而来的。如果物种是万能的上帝创造的，那么那些不完善的器官怎么会存在呢？他还提出了人和猿有共同祖先的假设。

布丰的生物进化论观点，对后来的进化论者拉马克、达尔文的影响很大。

布丰，1707 年出身于法国孟巴尔城的贵族家庭，原名乔治·路易·勒克来克，因继承关系，改姓德·布丰。他从小受教会教育，爱好自然科学，特别是数学。1728 年，大学法律本科毕业后，他又学了两年医学。

布丰

1730 年，布丰结识了一位年轻的英国公爵，他们一起游历了法国南方、瑞士和意大利。在这位公爵的家庭教师、德国学者辛克曼的影响下，布丰刻苦研究博物学。

1733 年，布丰进入法国科学院任助理研究员，发表了森林学的论著，翻译了牛顿的《微积分术》，被法兰西科学院接受为院士。

1739年，布丰当上了副研究员，并被任命为皇家御花园和御书房总管，即皇家植物园主任，直到逝世。

布丰任总管后，除了扩建御花园外，还建立了“法国御花园及博物研究室通讯员”的组织，吸引了国内外许多著名专家、学者和旅行家，收集了大量的动物、植物、矿物样品和标本。布丰利用这种优越的条件从事博物学研究，每天埋头著述，四十年如一日，终于写出36册的巨著《自然史》。这是一部博物志，包括地球史、人类史、动物史、鸟类史和矿物史等几大部分，综合了无数的事实材料，对自然界做了精确、详细、科学的描述和解释，提出了许多有价值的创见。布丰在这部著作及其他论文中，破除各种宗教迷信和无知妄说，把上帝从宇宙的解释中驱逐出去，这是布丰对现代科学的一大贡献。布丰是最早对神创论质疑的科学家之一。

布丰认为物种是可变的，生物变异的原因是环境的变化，环境变了，生物会发生相应的变异，而且这些变异会遗传给后代，这就是后来拉马克提出的获得性遗传的雏形。他相信构造简单的生物是自然发生的，并认为精子和卵巢里的相应部分是组成生物体的基本成分。他不赞成“先成论”，支持“渐成论”。

引导布丰形成进化论观点主要有两个事实：一是化石材料，古代生物和现代生物有明显的区别；二是退化的器官。布丰在从事比较解剖学研究中发现，许多动物具有不完善的没有用的退化的器官，如猪的侧趾虽已失去了功能，但内部的骨骼仍是完整的。如果物种是万能的上帝创造的，那么这些不完善的器官怎么会存在呢？因此，他认为有些物种是退化而来的。

布丰在他的百科全书式的巨著《自然史》中描绘了宇宙、太阳系、地球的演化。他认为地球是由炽热的气体凝聚而成的，地球的诞生比《圣经·

创世纪》中所说的公元前4004年要早得多，地球的年龄有10万年以上。生物是在地球的历史发展过程中形成的，并随着环境的变化而变异。布丰甚至大胆地提出，人应当把自己列为动物的一属，他在自己的著作中写道："如果只注意面孔的话，猿是人类最低级的形式，因为除了灵魂外，它具有人类所有的一切器官。""如果《圣经》没有明白宣示的话，我们可能要去为人和猿找一个共同的祖先。"

尽管布丰用的是假设的语气，并用造物主和神灵来掩盖自己的进化论，但还是遭到了教会的围攻。在压力下，布丰不得不违心地宣布："我没有任何反对《圣经》的意图，我放弃所有我的著作中关于地球形成的说法，放弃与摩西故事相抵触的说法。"

作为科学家，布丰颇受诋毁，但作为文学家，却受到普遍的颂扬。他写的《自然史》富于感情，其中《自然的分期》是一部史诗，他对狮、虎、豹、狼、狗、狐狸的猎食，海狸的筑堤，用形象的语言，做拟人的描写，生动活泼，至今仍为人们所喜爱。在他笔下，小松鼠善良可爱，大象温和憨厚，鸽子夫妇相亲相爱。布丰往往把动物拟人化，赋予它们以某种人格，马像英勇忠烈的战士，狗是忠心耿耿的义仆，受到布丰的赞扬；啄木鸟像苦工一样辛勤劳动，得到作者的同情；海狸和平共处，毫无争斗，引起他的向往。他把狼比喻为凶残而又怯懦、"浑身一无是处"的暴君，把天鹅描绘为和平的、开明的君主。

1777年，法国政府在皇家植物园里给布丰建了一座铜像，座上用拉丁文写着："献给和大自然一样伟大的天才。"这是布丰生前获得的最高荣誉。

进化论先驱者拉马克的发现

▶导言

拉马克在名著《动物学哲学》一书中提出了系统的生物进化的观点。他强调生物进化的内因，肯定了环境对物种变化的影响，强调适应环境的变异是生物进化的动力。

拉马克提出了两个著名的生物进化法则——“用进废退”和“获得性遗传”。这两个法则由于长期没有找到遗传学依据，200 年中，遭到大多数进化论者遗弃。直至 21 世纪初，由于表观遗传学的建立，遗传“第二密码体系”的发现，拉马克主义才重新复活，让人们认识到这位进化论先驱者的伟大。

神话和传说是人类对神秘现象无法解释时的一种解释，对生命从何而来百思不得其解后的一种美丽的想象，缺乏事实根据。科学家思考生命从哪里来也要凭想象，不断提出假说，但更重要的是对这种想象的产物寻找事实依据，寻找实证。这就是科学家们提倡的“大胆设想，小心求证”的科学精神。

生物进化的思想自古就有，但将其发展成一种理论则是 19 世纪初期法国生物学家拉马克提出的。他继承和发展了前人关于生物是不断进化的思想，大胆鲜明地提出了生物是从低级向高级发展进化的学说。可以说，他是第一个系统地提出生物进化论的科学家。

1744年8月1日，拉马克出身于法国毕伽底一个小贵族家庭中，他是父母11个子女中最小的一个，也是最受父母宠爱的一个。

拉马克

青少年时期的拉马克兴趣多变，“朝三暮四”。拉马克从军退伍回家后，正是天文学上重大发现很多的时期。拉马克不由得爱上了天文学，他整天仰望多变的天空，幻想成为一名天文学家。后来，拉马克在银行找到了工作。于是，他又改变志向，想当个金融家。不久，拉马克迷恋上了音乐，居然能拉一手不错的小提琴，他又想成为一名音乐家。这时，拉马克的一位哥哥劝他当医生。因为在当时的社会中，医生是很吃香的。这样，拉马克又开始学医了。4年以后，他发现自己对医学又没有了兴趣。

正当拉马克在人生的道路上徘徊不定的时候，一位良师及时来到了他的身边。这位良师便是法国大革命时期人人崇拜的偶像，法国著名的思想家、哲学家、教育学家、文学家卢梭。24岁的拉马克与56岁的卢梭在植物园里游玩时萍水相逢，居然情投意合地谈了起来。后来，卢梭把这位年轻人带到自己的研究室去工作。在那里，拉马克专心致志地钻研起植物学来，他感到这才真正对上了自己的胃口。这一钻进去就是整整10年，1778年，他出版了第一部著作《法国植物志》。这使他在植物学界初露头角。1782年，他获得巴黎皇家植物园植物学家的职位。

1794年，拉马克已经50岁了。当时自然历史博物馆要开设生物学讲座，其中最困难的讲座是“蠕虫和昆虫”。从未专门研究过动物的拉马克经过一年的准备后，开设了这个讲座。这次讲课，为他1800年写《无脊椎动物的自然历史》一书奠定了基础。拉马克把蠕虫和昆虫两类无脊椎动物分作10个纲，发现了它们构造和组织上的级次。

拉马克最重要的著作是1809年写的《动物学哲学》一书。作为进化论的先驱者，他在这本书里阐述了生物进化的观点。

拉马克认为，地球有悠久的历史，决非像特创论者所说的那样只有几千年的历史，并且地球表面不是固定不变的，而是经历了不断的逐渐的变化。

拉马克认为，生命物质与非生命物质有本质的区别。生命存在于生物体与环境条件的相互作用之中。植物和动物虽有重大的区别，但都有共同的基本特征：运动。运动表现在各个方面，既表现在生物体内液体的流动上，也表现在生物体吸收养料和排出废物上；生命是连续的、变化的、发展的；物种之间是连续的，没有确定的界限，物种只有相对的稳定性；物种在外界条件影响下能发生变异，栽培植物和饲养动物的出现就是物种变异的例证；古代物种是现代物种的直接祖先；动物界普遍有种间斗争，种内斗争则不常有。生物进化的动力，一是生物天生具有发展的倾向，这是生物发展的原因；二是环境条件的变化，环境条件的改变能引起生物发生适应环境的变异，环境条件变化的大小，决定着生物发生变异的程度，环境条件的多样性是生物多样性的原因。

拉马克认为，对于植物和低等动物，环境的改变会引起功能的改变，功能的改变又会引起结构的改变；而对于具有神经系统的动物，环境的改变先引起生活需要的改变，生活需要的改变又引起生活习性的改变，新习性的发生和加强，会引起身体结构的变化；凡经常使用的器官会发达进化，而经常不用的器官就会萎缩退化，这些后天获得的性状能够遗传给后代，这样经过一代一代的积累，就会形成生物的新类型。

拉马克认为，无论是植物还是动物，都按一定的自然顺序进化，由简单到复杂，由低级到高级；进化是树状的，即不但向上发展，而且向各个方面发展；人类大概由高级猿类发展而来。

总而言之，所有的生物都不是上帝创造的，而是进化来的，进化所需要的时间是极长的；复杂的生物是由简单的生物进化来的，生物具有发展的本能趋向；生物为了适应环境继续生存，一定要发生变异。

拉马克肯定了环境对物种变化的影响。他提出了两个著名的原则，就是“用进废退”和“获得性遗传”。前者指经常使用的器官会发达，不用的器官会退化，比如长颈鹿的长脖子就是它经常吃高处的树叶的结果。后者指后天获得的新性状有可能遗传下去，如脖子长的长颈鹿，其后代的脖子一般也长。

拉马克进化学说在当时并未引起世界的注意，他的著作《动物学哲学》直至他死后都未卖完，他生前既未受到如达尔文那么多的批评，也未得到如达尔文那么多的荣誉。

拉马克的一生可以说是在贫穷和冷漠中度过的，尤其是晚年的境遇很凄凉。1829 年 12 月 18 日，拉马克在久病之后去世。他的女儿买不起埋葬父亲的长期墓地，只好租用了一块为期 5 年的坟地。到期之后，她又把这位伟大学者的遗骨挖出来埋到公共墓地去，以致后人想凭吊这位伟人，竟找不到他的墓。

直到 1909 年，在人们纪念拉马克的名著《动物学哲学》出版 100 周年时，巴黎植物园向各界募捐，才为拉马克建立了一块纪念碑。碑上镌刻着他女儿的话：“我的父亲，后代将要羡慕您，他们将要替您报仇雪恨！”

拉马克提出的“用进废退”和“获得性遗传”这两个法则，由于长期没有找到遗传学依据，200 年中，遭到大多数进化论者遗弃。直至 21 世纪初，由于表观遗传学的建立，遗传“第二密码体系”的发现，拉马克主义才重新复活，让人们认识到这位进化论先驱者的伟大。拉马克女儿的一番饱含血泪的话应验了。

拉马克的故事，又一次证明“假的真不了，真的假不了”“科学经得起时间检验”的真理。

圣提雷尔论战居维叶

▶导言

1830年，法国发生了一场进化论和神创论的大辩论，辩论的一方是拉马克的同事和支持者圣提雷尔，另一方是进化论的反对者居维叶。

居维叶虽然反对进化论，力挺神创论，但他的“灾变论”及证据，却是有利于进化论的。他的“灾变论”虽遭到达尔文主义者的反对，但当代“新灾变论”者却拿出了新的证据，证实了“灾变”在生物进化中的作用。客观地说，居维叶是生物进化论阵营中的一大功臣。

1769年，法国动物学家乔治·居维叶出身于法国东部蒙贝利亚尔市的一个贵族家庭里。他是一个虔诚的基督教徒。他自幼被认为是神童，4岁就能读书，14岁进入斯图加特的加罗林大学，18岁就学有所成，1788年开始在法国诺曼底担任私人教师。他是一个具有传奇色彩的教师。

居维叶

居维叶对学生的要求十分严格，因此，几个顽皮贪玩的学生背后对居维叶很有怨言。有一天，几个平时爱搞恶作剧的同学聚在一起，决定捉弄老师一下。

一天，居维叶用完中餐后躺在床上看书，不觉一阵睡意袭来，于是他就迷迷糊糊地进入了梦乡。突然，“哐啷”一声，窗子开了。居维叶睁开惺忪的眼睛朝窗口瞥了一下。窗口蓦地出现一只满脸硬毛、血盆大口、长有头角的恐怖怪兽，它号叫着，两只蹄子已经伸进窗口，眼看就要向他扑来，大有一口吞下居维叶之势。可是，居维叶只瞥了怪兽一眼，便满不在乎地侧身继续睡觉了。那头“怪兽”一抖身，从后面钻出五六个学生。

“你们几个捣蛋鬼，不睡午觉，在这儿装神弄鬼干什么？”居维叶看到一下来了这么几个有名的捣蛋鬼，心里又好气，又好笑。

“咦——老师，您并不知道怪兽是我们装的呀，怎么一点也不害怕呢？”一个学生迫不及待地问道。同学们也都惊奇地瞪着眼睛等候老师的回答。

“哈哈哈！难道在课上我没有给你们讲解过吗？凡是长着角有着蹄子的动物，都是食草动物，它们是不吃肉的。我有什么可害怕的呢？”居维叶笑着说道。

“啊！原来是这样。”同学们恍然大悟，这些怪兽的扮演者以后再不当捣蛋鬼了。

1795 年，居维叶到巴黎皇家植物园担任解剖部主任，并获得巴黎科学院院士的称号。他写了《比较解剖学讲义》一书。此后，他研究了巴黎附近新生代地层中的脊椎动物化石，于 1812 年出版了《四足动物的骨化石研究》一书，对这些脊椎动物化石做了详细的分类、描述，并重塑了它们生前的形态面貌，奠定了古脊椎动物学的研究基础。

居维叶是一个神创论者，但他的研究却给进化论提供了证据。居维叶在科学上的一大贡献是创立了比较解剖学和古生物学。他通过比较解剖学研究，指出非洲象与亚洲象是两个不同的种，而猛犸象则是一种接近于亚洲象的绝灭动物，并证明在北美发现的“猛犸”化石是另一个绝灭的新属——乳齿象。

居维叶接触了大量现代脊椎动物和古脊椎动物的标本，并吸取了前人在这方面的研究成果，提出了“器官相关定律”。居维叶说：“每个有机体都是一个完整而严密的体系，它的各部分都是相互适应的。任何一部分的改变都会引起另一部分的改变。”

他在“器官相关定律”中说，只要骨头的一端保存良好，就可以巧妙地运用类比和精确的比较，像拥有一个完整体那样准确地决定它的纲、目、科、属、种。有一次，他当着反对他的“器官相关定律”的一些科学家的面，做了一次精彩的现场表演。他拿着一块采自巴黎郊区新生代地层中，尚未完全暴露的哺乳动物化石说：“你们看，这块化石只暴露出牙齿，其他部分尚被围岩盖着，但根据‘器官相关定律’，我可以断定它是有袋类的负鼠化石，而不是如人们所说的蝙蝠类化石，因为在其腹部还有袋骨。”说罢，居维叶用剔针去掉了围岩，果然袋骨暴露了出来。在场的科学家们无不惊叹佩服。这个被命名为“居维叶负鼠”的化石标本，至今还保存在巴黎自然历史博物馆里作为纪念。

居维叶在科学上的更大贡献是创立了影响至今的“灾变论”。

1825 年，居维叶的《地球表面的灾变论》出版了，这本书系统地阐释了他的“灾变论”。居维叶认为，在整个地质发展的过程中，地球经常发生各种突如其来的灾害性变化，并且有的灾害规模很大。例如，海洋干涸成陆地，陆地又隆起成山脉，陆地也可能下沉为海洋，还有火山爆发、洪水泛滥、气候急剧变化等。当洪水泛滥时，大地的景象发生了变化，许多生物遭到灭顶之灾。地球每经过一次巨大的灾害性变化，就会使几乎所有的生物灭绝。这些灭绝的生物就沉积在相应的地层，并变成化石而被保存下来。这一段是“灾变论”科学的论述，下面一段是居维叶向教会妥协的说法。他用“神创论”来解释地球物种的变化。他说，大灾变把地球原有物种毁灭以后，造物主又重新创造出新的物种，使地球恢复了生机。原来地球上有多少物种，每个物种具有什么样的形态和结构，造物主已记得不十分准确了。所以造物主只能根据原来的大致印象来创造新的物种。这也是新的物种同旧的物种有少许差别的原因。如此循环往复，就构成了我们在各个地层看到的情况。

居维叶推断，地球上已发生过四次灾害性的变化，最近的一次是距今5000多年前的摩西洪水泛滥。这使地球上的生物几乎灭绝，因而上帝又重新创造出各个物种。这与《圣经・旧约》中所说的大洪水相对应，于是，《圣经》故事变成了地质学的例证。居维叶说，每次灾变发生导致生物全部灭绝，而灾变过后，上帝又创造出新的生物，新生物又在再次到来的灾难中灭绝，周而复始。

1830年2月，在法国发生了一场世界生物史上著名的论战。论战的一方是拥护神创论的居维叶，另一方是拥护拉马克进化论的圣提雷尔。

圣提雷尔出生于1772年，比居维叶小3岁，是法国动物解剖学家、胚胎学家，是现代进化论的先驱者之一。他曾任巴黎历史博物馆脊椎动物学教授，主要著作有《解剖学的哲学》。

圣提雷尔主张，物种不是不变的，在动物躯体的结构中可以看到设计的统一性。

圣提雷尔原来是居维叶年轻时代的好友，同在皇家植物园工作，一起研究过动物学和比较解剖学，后来，与居维叶一起成为比较解剖学的创始人。但他的学术观点与居维叶不同，并日益分歧，他们终于变成一对论敌。

从1830年2月到7月的5个月内，论战在巴黎科学院大厅内持续进行了足足6个星期。这场论战的导火线是圣提雷尔的两位学生的论文。他俩根据老师的观点，企图证明软体动物和脊椎动物的"结构图案是统一的"，由此而涉及生物学的一般原则争论，诸如物种变异问题、动物体内各结构是否联系问题等。而对这些问题的讨论，必然带有政治和宗教色彩，辩论演化成为一场进化论和神创论的大论战。

由于他们对同一事物所持的观点截然相反，所以当论战的序幕揭开以后，就形成了短兵相接的局面，巴黎科学院大厅里气氛十分紧张。当时巴黎和欧洲其他各地的科学家都聚集到科学院来听这场论战，乃至普通群众都蜂拥而至。

由于居维叶的理论得到教会、封建贵族的竭力赞同，也由于圣提雷尔对动物本质问题的错误解释，比如他把有机界统一于脊椎动物，虽然居维叶的4个图案也同样是错误的，但正好被居维叶列举的事实所驳倒，因此这场辩论以居维叶的暂时胜利而告终。

居维叶的胜利使他一跃成为法国科学院最显著的人物，"灾变论"也广泛传播开来。居维叶的"灾变论"看似科学，但不难发现其中浓厚的宗教色彩，因而遭到尊重客观事实的科学家的反对。给"灾变论"以沉重打击的是英国著名地质学家赖尔。恩格斯说："赖尔才是第一个把理性带进地质学中的人，因为他以地球的缓慢变化这样一种渐进作用代替了由造物主一时兴起所引起的突然革命。""灾变论"从此逐渐趋向沉寂。

后来，由于获得了灾变影响物种形成的确切证据，"灾变论"重新回到了人们的视野。不过，这是"新灾变论"，已与上帝毫无瓜葛。

第三章　科学巨匠达尔文创立生物进化论

虽然当代掀起了一股否定达尔文进化论的热潮，但是，达尔文的以自然选择学说为核心内容的生物进化论引发了生物学的一场革命，掀起了全世界科学家揭示生命秘密的风暴，它虽然不是现代生物学的终极真理，却是现代生物学的起点和里程碑。现代形形色色的达尔文主义，都是对达尔文理论的补充、修正和完善，而各种非达尔文主义、反达尔文主义、新拉马克主义、特创论，均还没有找到有力的证据，来推翻达尔文的学说。

兴趣成就达尔文

导言

达尔文在回顾他追求科学的一生时认为，科学思想自由和兴趣是成就他事业的两个重要素养。

达尔文认为，一个科学家应有的重要素养之一就是兴趣，一种探究自然奥秘的兴趣。

正是这种兴趣，使童年与少年时代的达尔文热衷于与哥哥去采集标本、旅行、打猎和研究化学。他对功课不感兴趣，因而成绩不好。他在自传里说："学校对于我的教育来说，是一个空洞的场所。"

正是这种兴趣，致使他在爱丁堡大学学医时心不在焉，以后他转入剑桥大学神学系，一边学神学，一边却跟着亨斯罗教授、塞治威克教授学习了许多植物学、动物学、地质学知识，并参加了植物与地质考察队进行学术探险。

正是这种兴趣，使他虽然毕业于神学系，但不愿当神甫，而情愿去参加艰苦的环球考察。

也正是这种兴趣，使他后半生虽疾病缠身，还是不懈地研究。兴趣，给了这位科学巨匠源源不断的动力，激发出忘我工作的热情。

在英国西南部有一条塞文河，是英国最长的河流。它发源于威尔士境内的斯诺登峰附近，蜿蜒南下，经过施罗普郡，最后在西南海口入海。施罗普郡的行政中心坐落在塞文河畔，是一座古色古香的小城，名字叫什鲁斯伯里。

1809 年 2 月 12 日，查尔斯·罗伯特·达尔文就诞生在什鲁斯伯里城的一栋红砖楼房里。这是一个富裕的医学世家。父亲罗伯特·瓦林·达尔文毕业于荷兰莱顿大学医学院，19 岁获得医学博士学位，22 岁被选为英国皇家学会会员，是什鲁斯伯里城的名医。他的体格高大魁梧，性情豁达，医术高明，乐善好施，深受大家的尊敬和爱戴。达尔文的祖父伊拉兹马斯·达尔文，也是医学博士和英国皇家学会会员，著有专著《植物园》《生物规律学》。

达尔文

达尔文兄弟姐妹共六人，达尔文排行第五。他上面有三个姐姐、一个哥哥，下面有一个妹妹。达尔文 8 岁时，出身名门的母亲苏珊娜·韦奇伍德不幸去世，二姐卡罗琳负责他的管教。不过小达尔文不大服她的管教。达尔文对母亲的记忆很模糊，多年后他在回忆录中说："我除了记得她病故时所睡的床铺、她穿的黑色丝绒长袍和她的构造特殊的工作台以外，其余一点也回忆不起来了。”

这一年春天，小达尔文被送到城内的一所日校读小学。在学校里，他是一个有名的顽童，喜欢恶作剧，常有惊人之举。他还经常谎话连篇，目的是制造耸人听闻的效果。例如他爬上父亲种的果树，偷摘了很多名贵的水果藏在草丛里，然后气急败坏地跑回家，报告说他发现了一大堆被窃的水果。又如，他向同伴吹嘘说，自己跑起来可以快如飞。谁要是没有异议，可以获得一个苹果的奖赏。说罢，小达尔文拔起小腿儿就颠颠地跑起来。说实在的，他跑得并不快。但玩伴们受到苹果的诱惑，都众口称赞他是“飞毛腿”。还有一次，他向一个同学保证，他能用有颜色的“秘密液体”去浇灌水仙花，从而改变花瓣的颜色。其实他从来也没有试过。这虽然是说大话，却反映出小达尔文丰富的想象力。

达尔文故居

达尔文一天天长大，变成了一个英俊的少年。1818 年夏天，9 岁的达尔文跟着哥哥爱拉士姆进入城里的布特勒博士学校就读。这是一所严格的古典文科中学，课程很单一，主要教古典文学，还有少量的地理和历史课程。达尔文喜欢自然科学和博物学，这些课不对他的胃口。多年后回忆起这所学校，达尔文还感到心有余悸。他说："这个作为一种教育手段的学校，对我来说，简直是一个空洞无物的地方。"

达尔文不好好学习，却迷上了打猎、观察蝴蝶生活、搜集甲虫、做瓦斯实验这些有趣的事。当他第一次用猎枪打下一只小鸟的时候，他高兴得手发抖，兴奋得再也不能将第二颗猎枪子弹推进枪膛。他经常在野外捕捉各式各样的甲虫。当他发现一种新奇的甲虫时，他会快活得忘掉一切。他喜欢在百花盛开的田野里，观察色彩斑斓的蝴蝶在鲜花之间飞来飞去，心想："这些忙忙碌碌的蝴蝶在干些什么呀？"

校长布特勒博士拜访罗伯特医师出来，经过花园时，听到一间小屋里传来一阵"噼噼啪啪"和"丝丝丝"的声音，看到从小屋的孔隙中透出一股烟雾。博士推开门，只见达尔文正蹲在一些瓶瓶罐罐前，全神贯注地帮哥哥做化学实验。博士很生气，喊了一声："查尔斯，你在干什么？"

达尔文抬起头，看见博士站在面前，吓得倒抽了一口凉气。他战战兢兢地答道："博士，我同哥哥正在做瓦斯实验。"

博士"哼"地冷笑了一声，说："瓦斯实验，瓦斯实验，你就知道做这些无聊的实验！你不好好读书，成天把精力花在这些毫无意义的东西上，简直是一个可耻的二流子。"

博士走后，达尔文委屈地哭了。

总之，达尔文在布特勒博士学校的表现平平，所有老师都把他看作是"一个极其平凡的孩子"，甚至觉得他的学识低于中等水平。

看到儿子迷上了这些莫名其妙的东西，罗伯特医师急坏了。一天，罗伯特医师看见达尔文背着猎枪，兴冲冲地提着一只老鼠跑进屋来。他把达尔文喊到身边，痛心地训斥道："查尔斯呀查尔斯，你除了打猎、养狗、捉老鼠以外，对其他什么都不操心。你将来会玷污你自己，也会玷污你的整个家庭的！"

父亲平日的脾气很好，达尔文挨了老爸一顿骂，心想一定是惹他生气了，他没有吭声，可心中有点委屈。

1825年10月，在父亲的安排下，达尔文从布特勒博士中学退学了，进入爱丁堡大学医学院学医。爱丁堡城位于苏格兰北部边境靠海的海滨，是苏格兰的古都。爱丁堡大学位于爱丁堡城中心，是英国最古老的一所大学，创建于1583年。

爱丁堡城

大学生活并不像达尔文想象的那么有趣，医学系的课程也不像他想象的那么迷人。让我们来看一段达尔文67岁时写的自传里对这一段生活的描述吧。“爱丁堡大学的课程全是讲授的，除了侯普的化学课以外，那些讲授都是索然无味的。我认为讲授比起阅读，害多利少。邓肯博士在一个冬天早晨八点钟开始的脑膜炎治疗讲授，至今我想起来还有些可怕。某博士讲授的人体解剖，其无味有如其人，这一门课程使我感到讨厌。我没有努力学习解剖，后来被证明是我平生的一个重大损失，我应当很快地克服这种厌恶，而这种学习对我以后的工作是极有价值的。这是不可补偿的损失，有如我不会绘图一样。我还定期地在医院做临床实习，有许多情形颇使我苦恼……”

最使达尔文苦恼的是在爱丁堡医院手术教室看到的一次很糟的外科手术。再没有比外科手术更可怕的事了，那会儿，哥罗仿还没有被发明出来，西方国家还不懂得使用麻药。一个患肠梗阻的姑娘被绑在手术台上，痛苦地呻吟着。一个满脸大胡子的医生，用手术刀切开了姑娘的腹部。达尔文看见一股鲜血喷出来，吓得闭上了眼睛。但是，耳朵没法堵住啊！姑娘痛苦的呻吟声变成了凄厉的尖叫声，凄厉的尖叫声变成了绝望的长号。“啊——啊——”可怕的声音震撼着整个教室，震撼着达尔文的心弦。突然，叫声戛然而止。达尔文睁开了眼睛，呀，姑娘昏过去了，原本美丽的脸扭曲了，脸上满是恐怖狰狞的表情。

“啊——啊——”姑娘凄厉的尖叫声长久地在他的脑海里回旋，数月之久仍不消散。达尔文像糍粑一样软的心肠没法忍受这种折磨，他要做一个医生的决心动摇了。

从小就热爱的博物学重新将达尔文拖回大自然的怀抱。在爱丁堡大学学习的第二年，哥哥因病休学了。孤立无助的达尔文结交了一批可爱的朋友，他们在课余时间一起到海边散步，在退潮以后留下的水潭里采集海栖动物。他们和捕鱼的人做朋友,有时还同这些人合成一伙,参加捕鱼工作。达尔文找到了一架简陋的显微镜,开始了他的科学研究工作。

17 岁的少年,在没有人指导的情况下进行的科研工作居然取得了一些小小的成就。达尔文在一种原来被认为是植物体的微小生物里看到了动物的构造特征。他证明了这是一种很小的蠕虫的卵衣。他还证明了以前被认为是一种动物的卵的东西,其实就是这种动物的幼虫。他将自己的发现写成了两篇论文。这虽然是一些微不足道的发现,却是达尔文科学研究工作的起点。从这里开始,他将一步一步地攀向科学的高峰。达尔文开始迈步的时候,多么需要得到鼓励啊！要是没有人鼓励他继续沿着这条道路走下去,也许,他就会停住已经迈开的步子,向另外的路走去。值得庆幸的是,爱丁堡大学詹姆生教授创设了一个由学生组成的普林尼学会,任何人都可以在这个学会上宣读自己的论文。

这是一个达尔文永远难忘的日子,他就要在普林尼学会上宣读自己的第一篇论文了。在爱丁堡大学的一个地下室里,挤满了来自各个系的大学生。年轻的主席摇了摇铃儿,会场渐渐安静下来。主席庄严地宣布:"普林尼学会例会开始,谁要发言?"

达尔文正想举手发言时,一个年轻人抢先站了起来。他环视了一下黑压压的人群,紧张得说不出话来。他结结巴巴地咕噜了一阵,脸涨得通红,不知所措。人们惊讶地望着他,期待着他的发言。最后,他说:"主席先生,我忘记我要说什么了。"全场哄堂大笑。主席拼命地摇着铃儿,要大家安静。待笑声渐渐小下去以后,主席问:"还有谁要发言?"

达尔文已经被刚才那一幕吓呆了。他的朋友葛兰特推了推他,他迟疑地站了起来。他觉得全场的目光都集中到了自己身上,心里直发毛。他镇定了一下后,摸出论文稿。管他呢！他心一横,照着稿子念起来。由于他的论文条理分明，论据充分，再加上他口齿清晰，论文一念完，会场上就爆发出一阵热烈的掌声。

达尔文乐得心花怒放。多么动听的掌声啊！散会了，他的心还在激动地跳着。朋友们簇拥着他，来到他们喜爱的海滩边，庆贺他的成功。

开始涨潮了，蔚蓝色的海面掀起了一阵阵浪涛，海浪有节奏地拍击着沙滩。朋友们用各种舒适的姿势躺在沙滩上，听达尔文朗诵著名德国自然科学家洪保德的著作《南美旅行记》。

书念完了，朋友们还沉浸在南美洲的诗情画意中。未来的博士葛兰特叹声说："真美呀！在我们生活的大自然中，有多少奥秘等着大家去探索啊！你们看过拉马克的《动物学哲学》没有？那真是一本奇妙的书。拉马克是一位伟大的探索者。他不相信《圣经》，他认为生物是在不断变化着的，是一步步进化来的。"

达尔文听完朋友赞扬拉马克的话，不以为然地摇了摇头，说："葛兰特，你怎么能怀疑《圣经》上的真理呢？拉马克的异端邪说，我们可不能轻信。"

葛兰特淡淡地笑了笑，说："如果我们能够像洪保德一样，到世界各地去周游一番，对大自然做一次详细的考察，也许，我们就能判断到底是拉马克掌握了真理，还是上帝掌握了真理。"

达尔文迷上了科学，要求父亲为他安排一个有关的职位。罗伯特医师断然拒绝道："搞科学研究，算得上正经的事业吗？那玩意儿可当不了饭吃。我看，你还是到剑桥大学去读神学吧。也许，你能成为一个优秀的牧师。"

达尔文从来没有想过将来去做牧师，他沉思片刻后，委婉地对父亲说："爸爸，你的这个建议我从来也没有考虑过。由于我对英格兰教会的教义知道得很少，要我相信它，是有顾虑的。能不能允许我研究一下教会的教义，仔细想一想，再答复你的建议？”

父亲同意了儿子的要求。达尔文查阅了《皮尔逊论教义》和其他有关神学的书籍后，由于他当时一点也不怀疑《圣经》，所以不久他就确信英国教义是符合《圣经》的，是可以全部接受的。于是，达尔文在1828年圣诞节后不久进入剑桥大学基督学院学习，成为一名神学系学生。他的成绩也不差，顺利地通过了神学学位考试，获得了第十名。他对自己毕业后到一个安静的教堂去当牧师有了明确的印象。

说来也奇怪，家庭为他安排好的、自己也选定的牧师职位，对他并没有吸引力，那些他将来谋生必须掌握的神学课程也引不起他的兴趣。他只是为了应付考试，为了取得学士的资格，为了获取做牧师的必需学历，被动地、应付差事地学习着。可是，那些没有谁要求他掌握的，对他将来的前程似乎没有一点儿用处的博物学课程，却吸引了他的全部注意力。他常常去听博物学教授的课程，特别是植物学教授亨斯罗的讲课，使他格外着迷。

亨斯罗教授是一个通晓各门学科的人。他在植物学、昆虫学、化学、矿物学、地质学方面的知识很丰富。他谦恭可爱，是一个非常热爱学生的人。他每周在家里接待一次客人。到时有爱好科学的学生和著名的教授、科学家到他的家里聚会。通过朋友的介绍，达尔文参加了这个聚会。没过多久，亨斯罗教授就同年轻的达尔文交上了朋友。亨斯罗教授从达尔文身上看到了一种不平凡的气质，非常喜爱这个学生。他常常邀请达尔文一起去散步，带达尔文去郊外旅行。达尔文对亨斯罗教授也非常崇拜，差不多天天到教授家去，请教各种各样的问题。

一天，达尔文在住房里，用他那台简陋的显微镜观察采集来的花粉标本。突然，他发现放在一块潮湿的玻璃器皿上的花粉伸出一些管状的东西来。他高兴得手舞足蹈，这是他以前从未见过的一种奇异的现象。他兴高采烈地跑到亨斯罗教授家里去，向教授报告他的科学发现。

亨斯罗教授

亨斯罗教授见达尔文慌慌张张地跑来，慈祥地笑着，亲切地问道："查尔斯，你又有了什么新发现呀，这么高兴？"

达尔文激动地告诉老师："教授，你看，这个玻璃器皿里的花粉伸出来一根长长的管子，这有多奇怪呀？"

亨斯罗教授接过达尔文递来的玻璃器皿。他不用看，就明白这是一种很普通的现象，但他并没有嘲笑自己的学生。他看了看玻璃器皿里的花粉后，和蔼地对达尔文说："是呀，这是一种非常有趣的现象。通常，花粉落到雌花的柱头上以后，便会吸收湿润的柱头表面的水分，萌发出花粉管。这种花粉管延伸穿过花柱、胎座，到达珠孔，进入胚囊，放出精子，与卵融合，形成胚。你的这些花粉，虽然并未接触柱头，但在潮湿的条件下，同样也会萌发出花粉管。”

听了教授耐心细致的讲解，达尔文明白了自己的发现不过是一种众所周知的现象，并决定以后不再这样慌张地去报告他的发现了。

这件有趣的事促使达尔文更积极、更仔细地去研究自然现象。他在甲虫的研究上有了真正的发现。他常常到清澈明净的剑河边，搜集低洼地上的茅草，搜集船底的垃圾，刮老树上的苔，把这些东西放在一个大口袋里，扛回寝室仔细搜索藏在其中的甲虫。他用这种方法，搜集到了很多罕见的甲虫。有一年冬天，他在剥一棵老树的树皮时，看到两只罕见的甲虫。于是，他用两只手各捉了一只。就在这时，他又瞧见了第三只更加罕见的甲虫，他舍不得放过这只甲虫，可两手都占满了，怎么办呀？他把右手里的那只甲虫“砰”的一下放入嘴中。哎呀！这只放在嘴中的甲虫突然喷出一股辛辣的液体，烧痛了他的舌头，他不得不把这只甲虫吐出来。这只甲虫飞快地溜了，而那第三只甲虫也没有捉到。

当达尔文把这件使他遗憾万分的事告诉亨斯罗教授时，教授开心地哈哈大笑起来。为了安慰懊恼的学生，他从书架上取出一本厚厚的书，翻到一页，对达尔文说：“看，查尔斯，你前次送给我的那些甲虫标本，有一些是世界上从来没有人发现过的新种类。我把这些甲虫送给斯蒂芬先生鉴定，他已经把这些甲虫写到书上了。”

达尔文怀着激动的心情，接过这本厚厚的《不列颠的昆虫图解》。他从发着油墨芳香的书页上，看到了几个使他头晕目眩的大字：“查尔斯·罗伯特·达尔文先生采集”。这真是几个魔术般的字，他的心狂跳起来。他感到犹如一位诗人的第一首诗、一位作家的第一篇小说、一位画家的第一幅画被发表出来时的那种说不出的欢欣。在爱丁堡大学的普林尼学会上宣读了论文后，他就有一个强烈的愿望，希望自己的论文被刊印出来。

可惜普林尼学会从不刊印论文，他的这个愿望没有实现。如今，他第一次看到自己的名字出现在书上，觉得自己能够对科学事业做一点贡献，能够成为一个对人类有用的人。这种感触对促使他进一步献身于科学事业，该是多大的推动力啊！

亨斯罗教授的友谊，对达尔文一生影响最大。亨斯罗教授发现了达尔文这个人才，并精心地培养这株幼苗，推动达尔文走上了科学研究的道路。1831 年，达尔文通过神学学位考试之后，亨斯罗教授建议达尔文对地质学做一些研究。他同地质学教授塞治威克商量，请求塞治威克允许达尔文参加他在北威尔士的地质考察工作。

正当达尔文同塞治威克教授在北威尔士的原野上纵马驰骋的时候，发生了一件意外的事，决定了达尔文一生的道路。

这一天，亨斯罗教授接到了剑桥大学的一位权威人物、天文学教授皮柯克先生的通知。皮柯克推荐亨斯罗教授去参加贝格尔号军舰环绕地球一周的航行。对于一个植物学家来说，这是一个多么诱人的建议啊！贝格尔号军舰环球考察是英国政府为了进行殖民掠夺组织的一次探险。为了考察各地的自然资源，舰长费支罗伊希望找一个自然科学家作为同伴。亨斯罗教授起初打算亲自去，但看到妻子听了此事之后显露出的悲伤神色，他改变了主意。他想起了达尔文，决定把这次航行让给心爱的学生。他给正在北威尔士同塞治威克教授进行地质考察的达尔文写了一封热情洋溢的信。他对达尔文说："在我所熟识的人中，要算你去做这种工作最适宜。我敢于肯定这一点，并不是因为在你身上看到了一个完备的自然科学家，而是这样一个原因：你擅长采集标本和观察工作，并且能够看出所有一切值得被记载到自然史里面去的东西。"他鼓励谦逊的对自己才能没有把握的 22 岁的达尔文："请你不必由于谦虚而陷入犹疑不决的地步，或者为了顾虑自己没有这种才能而担心。因为我可以劝告你，我确信你就是他们所要找寻的那种人。”

亨斯罗教授多么了解自己的学生啊，他甚至比达尔文自己更了解达尔文。对于一个22岁的年轻大学生，这是一个多么大胆、多么具有远见卓识的推荐啊！后来的事实证明，没有亨斯罗教授的推荐，没有贝格尔号军舰环球航行，达尔文就不会成为发现生物进化规律的伟大学者。对于达尔文来说，参加贝格尔号军舰环球考察是一个多么难得的千载难逢的好机会。

当亨斯罗教授的信寄到希鲁兹伯里的时候，达尔文还在北威尔士没有回来。他同塞治威克教授一起翻山越岭，考察古老地层，挖掘、采集化石。在地质学上造诣很深的塞治威克教授教会了心爱的学生采集化石、检验标本和进行地质调查的方法。耸立在灰蓝色天空中的古老青松、奇异的岩层、激流中的浪花、瑰丽的景色激起了达尔文对大自然的无比热爱。

愉快的考察生活结束后，达尔文背着地质包回到了家。一跨进家门，妹妹凯德琳就对他嚷道：“查尔斯！亨斯罗教授来信了，要你去参加环球航行。”

“参加环球航行？”达尔文几乎不相信自己的耳朵。他接过妹妹递给他的信，仔细地阅读起来。真的，真是亨斯罗教授叫他去参加环球航行。达尔文心花怒放，他的眼前掠过洪保德描述的南美洲风光。他立刻做出决定，对妹妹大声宣布：“去，我要去！”

“爸爸会同意你去吗？”凯德琳问。妹妹的问话像一瓢冷水浇到他的头上。“是的，爸爸会同意我去吗？爸爸一向反对我研究自然史，说这是荒废学业，游手好闲，他会同意我去参加航行吗？”达尔文伤心地想。

达尔文怀着忐忑不安的心情找到了父亲，把亨斯罗教授的信交给他，说："爸爸，我想去参加贝格尔号军舰环球航行，周游世界。"

上了年纪的罗伯特医师愣住了，他竖起白眉毛，惊奇地问："你？参加环球航行，周游世界？"

达尔文答道："是的，亨斯罗教授介绍我去的。"

罗伯特医师听了达尔文的回答，愤怒地吼道："我想这位教授，是要你同他一起抛弃家庭，抛弃学校，抛弃祖国！"

达尔文怯生生地争辩道："爸爸，这是一件很重要的事业，贝格尔号军舰是海军部派到南美洲沿岸去探测的。"

听了这句话，罗伯特医师的头脑冷静了一些，他浏览了一下亨斯罗的来信，沉思了好久，缓缓地说："看来，这件事情比你沉醉于打猎重要一些。"

达尔文浅蓝色的眼睛放射出光辉，神色喜悦起来。可是，父亲的神色又变得严厉起来。他说："但是，我绝不准许你参加这次航行。你参加了这次航行以后，一定会改变你已经选定了的牧师职业。从此以后，你永远也不会平定下来过安静的生活。这真是一个狂妄的计划，一件毫无用处的事情。"

达尔文听了父亲的话，神色又黯淡下来。他转过身，悻悻地向门外走去。当他跨出房门的时候，他又听到了父亲比较缓和一些的决定："如果有一位思想健全者也让你去的话，那我是可以同意的。"

到哪里去找这样一位思想健全者呢？达尔文变得忧郁起来。他反复地读着老师的来信，多么迷人的建议呀，放弃这个机会是多么可惜呀！但是，有什么办法呢？他坐在桌子边，心里绞痛着，给亨斯罗写回信："很感谢你的关怀，可惜，我不能……请你相信我诚恳的感谢。"

达尔文绝望地发出了给老师的信后，便辞别了父亲和妹妹，背上猎枪，骑上骏马，向舅舅家奔去，赴 9 月 1 日到森林里打猎的约会。

约西亚舅舅和表姊妹们欢迎达尔文的到来。年仅 22 岁、高大英俊、博学多才的达尔文是约西亚舅舅全家宠爱的人。查洛蒂、爱玛和约西亚舅舅特别喜欢他。爱玛年轻、漂亮，可惜那会儿达尔文心目中只有查洛蒂，没有爱玛。他哪里知道在爱玛的心目中，达尔文已占有一个很重要的位置。爱玛在写给朋友的信里赞扬达尔文："他是一个我从来没有见过的坦白无私的人。他说的每一句话都表露出他真实的思想。"

达尔文的外公家

达尔文怀着沮丧的心情，向约西亚舅舅一家讲了父亲不准许他接受环球航行邀请的事。没想到，这一家人听到年轻的达尔文接到了这种光荣的邀请，一齐欢呼起来。爱玛两眼闪着光芒，美丽的脸蛋涨得通红，她用银铃般的声音嚷道："应该说服姑父，让查尔斯去参加这次伟大的远征。"

性情古怪、沉默寡言的约西亚舅舅，是长辈中唯一赞赏达尔文才能的人。他十分疼爱这个母亲早亡的外甥，听了女儿的建议，不寻常地激动起来。

丰盛的晚宴结束后，达尔文和表姊妹们坐在门廊的台阶上，欣赏梅伊尔的美景。在花园的前面，有一个美丽的湖泊。峻峭的、树木繁多的堤岸倒映在湖面上，湖里的鱼儿跃起，水鸟在湖的上空翱翔。面对着奇妙非凡的大自然景象，爱玛朗读起大伙儿从小就爱读的《世界奇观》。“珊瑚岛上的棕榈树、平静的海湾、海风吹来的寒气、热带森林冒出的刺激性气味……”爱玛悦耳的朗读声，把达尔文带到了遥远而迷人的世界。要是舅舅能说服爸爸，允许他到那个神话般的地方走一遭，那该有多好啊！

第二天清早，达尔文怀着期待的心情到森林里打猎去了。上午10点钟，当爱玛正在欢呼达尔文击中了一只小鸟的时候，热心的约西亚舅舅托人传信给达尔文，他将亲自到达尔文的父亲那里去说服罗伯特医师让儿子参加环球航行，希望达尔文同他一起去。

当天下午，在罗伯特医师的客厅里，父亲和舅舅展开了一场舌战，达尔文在一旁紧张地注视着。

“亲爱的罗伯特，你为什么不让查尔斯去参加环球航行呢？”

“我认为，对于查尔斯将来做牧师来说，这是一件不名誉的事。”

“这怎么会是一件不名誉的事呢？相反，我认为这件事对他是光荣的。研究博物学，当然，不是职业性的，对于一个牧师是非常适合的。”

“可是，这件事情对他到底有什么用处呢？”

“以他的职业来说，这件事情是没有用处的。但是，如果把他看成是一个具有强烈好奇心的人，那么，这次航行将为他提供一个难得的机会去观察人和物。”

“我很担心，如果查尔斯参加了这次航行，他会再度改变他的职业。”

“如果我看到了查尔斯现在正在钻研神学课程，那么，我大概会认为中断他的研究是不适当的。但是，现在并不是这样的，我认为将来也不会是这样的。他现在所追求的知识，同他在环球探险中所必须从事的博物学研究是一致的。”

“你说服我了，亲爱的约西亚。”

“请记住，我没有充分的时间来考虑这件事，做出决定的人是你和查尔斯。”

“你是一个有见识的人，我相信你。我决定了，让查尔斯去参加环球探险。”

质疑上帝造物——达尔文在贝格尔号军舰环球航行中的发现

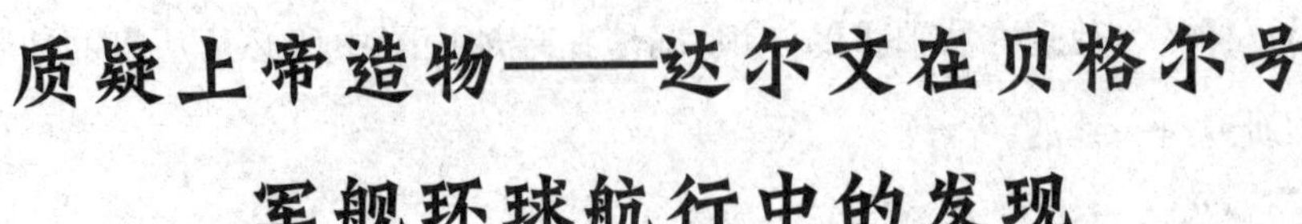

▶导言

一个真理的发现，很多都是从质疑被当时的人们普遍承认的“真理”开始的。达尔文回顾一生的道路时，曾谈到两种素养对他的帮助。除前面谈到的兴趣外，还有一种素养，那就是“保持思想自由”。

1881 年，达尔文告诉人们，自己遵循这样一条治学原则：“我曾坚定地努力保持我的思想的自由，以便一旦证明这些假说不符合事实时，就丢掉我无论多么爱好的假设，除此之外，我并没有别的办法。”

保持思想自由在达尔文身上具体表现为富有怀疑精神、不自满、不保守。无须说，他的进化论是对当时宗教神学论的叛逆，是大胆怀疑的产物。

达尔文对“上帝造物”的理论本来深信不疑，直到他作为一位自然科学家，参加了贝格尔号军舰环球航行，观察到自然界的许多事实，才使他对这一理论产生怀疑。

1831 年 12 月 25 日，英国普利茅斯港口上停泊着大大小小的船舰。在船舰丛中，有一艘油漆一新的军舰，特别引人注目。这就是达尔文即将乘坐出海远行的贝格尔号军舰。贝格尔号是一艘排水量为 242 吨的木船式军舰，船身全用优质桃花心木做成。它有三个桅杆、六门大炮和六只供登陆用的小船，全舰有船员 62 人。

现在，军舰上来了第 63 名船员。这名船员的加入，使贝格尔号军舰为了进行殖民掠夺而进行的不光彩的探险增添了科学考察的内容，并由此出现了一位引起生物科学发生一场大革命的伟大科学家。这位伟大的科学家使贝格尔号军舰作为一只科学考察船而永远载入科学史册。

贝格尔号军舰

1832 年 2 月 28 日，贝格尔号军舰抵达南美洲巴西圣萨尔瓦多城，开始了在南美洲历时三年多的探险。贝格尔号军舰驶入里约热内卢港。军舰将在这一带往返测量地形。达尔文决定利用这一段时间，到巴西内地去进行一次地质学考察和生物学考察。他在里约热内卢买了两匹马，带着一个印第安仆人，踏上了征途。

这天早上他们5点钟就骑马出发了，经过沙土平原、沼泽平原，闯入了人迹罕至的原始森林。树木高耸入云，那些树干极细的棕榈树，在森林中显得非常美丽。在腐朽和发育不良的树木上，缠绕着异乎寻常的寄生植物，另一些寄生植物又缠绕在这些寄生植物上，开着各种艳丽的花朵。达尔文一面欣赏巴西森林壮丽的景色，一面采集标本。各种奇异的蛙、扁卷螺、锈菌、兀鹰、杜鹃花、飞鱼……不一会工夫，他们的背囊里就装满了各种各样新奇的动植物和化石标本。在古老的地层里找到的海生软体动物标本，使达尔文兴奋不已。这些埋藏在高高的山冈上的海生动物是从哪里来的？这不是海洋上升为陆地的确切例证吗？

在一年多的时间里，达尔文到阿根廷、乌拉圭内地做了五次陆路探险。这是达尔文科学考察活动中收获最多的一段时间。在这段时间里，达尔文发现了许多重要的生物学、地质学现象，为他今后的科学活动打下了基础。

达尔文在阿根廷文塔那山脉一带考察，来到了一年多以前发现古大懒兽骨骼化石的地方，在100多平方米的地面上，进行了仔细的挖掘工作。他们挖掘出9种已经灭绝了的古代大四足类动物的遗骸。面对这些生活在三千万年以前，目前已经绝迹的动物化石，达尔文十分惊愕。这些绝迹动物和许多现代动物十分相似，但又不完全相同。大懒兽、巨树懒、臀兽、磨齿兽，它们与现在仍生活在南美洲的一种叫树懒的动物很相似。特别是有一种箭齿兽，同现代很多不同类型的动物都有相似之处。它的身体有大象那么大，牙齿却像现代小动物老鼠的牙齿，眼睛、耳朵、鼻孔的部位像水生动物儒艮和海牛。好像现代的老鼠、象、儒艮和海牛等不同种类的动物的特点都集中在同一种古代动物身上，但这种古代动物又不是这些动物中的任何一种。

达尔文反复地思索着这个与《圣经》，与居维叶提出的“灾变论”不相吻合的现象。居维叶不是说地球经过了27次突变，经过突变以后，上帝重新创造出来的生物与过去的生物无关吗？他想：“也许拉马克是对的，现在的动物是从古代生物发展来的。那个与许多种现代动物相似的古动物箭齿兽，也许就是老鼠、象、儒艮和海牛的共同祖先。”

1834年6月，贝格尔号军舰结束了在大西洋上的航行，穿过南美洲最南端火地岛附近群岛间的狭小通路，绕行到太平洋。贝格尔号军舰用了一年时间，沿着南美洲狭长的智利海岸进行测量。达尔文利用这个时机，在濒临太平洋的国家进行了三次陆路探险。这三次陆路探险，使达尔文对《圣经》产生了更大的怀疑。他除了采集到大量的动植物标本以外，还搜集到大量证实赖尔地质学理论的证据。

贝格尔号军舰离开了南美洲大陆，在属于厄瓜多尔的加拉帕戈斯群岛停下了。达尔文趁机对这个群岛进行了详细的考察。这是达尔文科学考察生活中最重要的时刻。本来，达尔文的环球考察是以地质学为主的，但是，在加拉帕戈斯群岛上的发现，使他把主要精力转到生物学研究，并在以后几十年的研究活动中，写出了很多生物学巨著。加拉帕戈斯群岛也因此而成为世界上最有名、最大的自然博物馆。

加拉帕戈斯群岛是由10个小岛组成的。达尔文发现，这些岛屿在不久以前还为大洋所覆盖。在这块年轻的土地上，生活着种类繁多的独特的动植物。达尔文爬遍了群岛的每一个山头，搜集一切可能搜集到的生物标本，在这个研究自然史的宝库中废寝忘食地工作着。他发现，这里尽是世界别处没有的鸟类、爬行动物和植物的特殊品种。在这里，他发现了25种鸟类的新种。这些新种是群岛独有的，没有一种可以在世界上其他地方发现。他还发现了100种植物新种。

达尔文和印第安仆人科恩乘坐一条小船，来到离军舰停泊不远的詹姆斯岛。在这座岛上，他们找到一间印第安人丢弃的茅草屋，他们把它布置成野营地，开始了紧张的工作。

在一个风景优美的池塘中，达尔文看到了一场有趣的争夺战。一些要20个人才抬得动的大乌龟正在吃仙人掌，几只丑陋的鬣蜥拖着尾巴缓缓地爬过来，同乌龟抢食仙人掌。迟钝的乌龟哪里是鬣蜥的对手，不一会工夫，这几只鬣蜥就像狗抢肉吃一样，几下就把仙人掌吃光了。失望的乌龟悻悻地离开了这个地方，爬到池塘边喝水去了。

达尔文跟着这些乌龟来到池塘边。在这里，有一大群奇形怪状的大乌龟在"咕咚咕咚"地喝水。达尔文掏出怀表，计算这些做什么事都不慌不忙的乌龟喝水的速度。哈，乌龟每分钟喝十大口水。

加拉帕戈斯群岛上的巨龟

达尔文发现，这儿秦卡鸟的叫声和智利的秦卡鸟叫声不同，许多动植物都与大陆上的同一种动植物有差异。这儿的乌龟同大陆上的不同，就连乌龟肉汤的滋味都不一样。这儿的地雀也同大陆上的不一样。更为奇怪的是各个岛上的同一种类的动植物之间也有差异。

一天,达尔文侧卧在草地上,面对着生满了仙人掌、香蕉和百合的大地,在秦卡鸟欢乐的叫声中,继续思索那个使他十分惊异的现象。这 10 座由升出海面的死火山组成的岛屿,每座岛上的气候、土壤特性、地势高度虽然是那样一致,但这些岛屿上的生物种类却不同。在加拉帕戈斯群岛上发现的 38 种独有的植物中,有 30 种只有在詹姆斯岛上出现。在加拉帕戈斯群岛上 26 种独有的动物中,有 22 种为阿尔贝马尔岛所特有。更为有趣的是,同样都是地雀,但却有不同长短的嘴。有一种嘴最长的地雀是查尔斯岛上和查塔姆岛上特有的,其他 8 座岛上没有。嘴最短的地雀只有詹姆斯岛上才有。总之,达尔文发现,组成群岛的各个岛外界条件基本一致,但生物的品种却各不相同。不过,这些各不相同的品种又有接近的亲缘关系。而这些各不相同的品种,还同南美洲大陆上的物种有较远一些的亲缘关系。

怎样用《圣经》来解释这一现象呢?他摸出《圣经》,把《创世纪》从头到尾看了一遍,也找不出一句话能解释这种现象。倒是这些铁的事实处处在与《圣经》作对,使《圣经》上的真理变得那么虚弱无力。是的,《圣经》说得不对,物种不是不可变的。

达尔文回到军舰,在他那狭小的舱房里写航行日记。他在日记中写道:“好像群岛的每一端,都可以找到一个品种,而且各有特殊的变异。岛上的生物,是在岛屿形成之后由南美洲迁移到这里安家落户的,它们各自在各个岛上发生了变异,由于海洋的隔离,形成了不同的独特物种。《圣经》不可信!”

达尔文在加拉帕戈斯群岛发现的各种鸟嘴

大胆假设，小心求证——20年求证的艰苦历程

▶导言

“灵感”，在科学发现上功不可没。“灵感”是长期实践和思索的产物，没有深厚的积累，不可能产生“使人顿悟”的“灵光一现”。达尔文生物进化论形成的灵光一现，就是他通过环球考察、人工选择现象的研究、查阅大量科学文献，再加上长期思索物种起源之谜后出现的。

一个理论产生了，必须要有足够的证据来证明它，才能使这个理论站稳脚跟。达尔文的生物进化论从正式形成到公之于世，经历了20年求证的艰苦历程。

远航归来的达尔文非常忙碌，从贝格尔号军舰上带回来的一大堆岩石、化石、动物、植物标本等着他鉴定，环球航行中记录下来的一大本、一大本的科学考察日记等着他整理出版，珊瑚岛形成的新理论等着他写成论文发表……

达尔文来到剑桥大学，开始住在亨斯罗家中，后来在剑桥街上找到一间房子住下。亨斯罗教授为了学生的事业四处奔波，他帮达尔文寻找协助整理标本的专家，帮达尔文向财政部申请拨款资助出版《贝格尔舰上的

动物学》一书。他甚至替达尔文谋取了一个高贵的职位——英国地质学会的秘书。

不过，达尔文谢绝了这个可以拿薪俸的职位，宁愿做一个义务秘书，他不愿将宝贵的时间花在社交活动上。对于他正在从事的科学研究工作，每一小时都是珍贵的。他牢记着自己的格言："一个懂得生命价值的人，绝不会把一小时的光阴白白浪费掉。"但是，他靠什么生活呢？好在他有一个可敬的父亲，愿意在他自立以前供养他。达尔文把全部精力投入他热爱的科学研究活动中。他要研究神秘的自然界中最神秘的问题：生命起源和物种起源之谜。世界上的鸟类、爬行类、哺乳类，还有那些花儿、草儿，它们的祖先是谁？它们在100代以前是什么样子？它们在100万代以前又是什么样子？

31岁时的达尔文

环球航行使达尔文产生了物种可以变异、物种不是上帝的创造物、《圣经》不可信的思想飞跃，但这不能解决物种起源的问题。既然物种不是由上帝的力量创造出来的，那么又是由什么力量创造出来的呢？物种可以发生变异，但是，单单有变异还不能形成物种。物种发生变异后，自然界通过什么方式使变异形成新的物种呢？

达尔文决定从家养的动物和人工栽培的植物入手，研究这些在人的干预下形成的动植物品种是从哪里来的，是怎样发生和发展成目前的品种的。

那会儿，英国的资本主义农业开始发展起来。在资本家经营的大型农场里，资本家采用人工方法改良旧品种，培育新品种，以谋取暴利。鸡、狗、鸽等新品种培育俱乐部在英国各地相继成立了。这些俱乐部举办各种选种展览会，颁发选种奖章。人们通过大量的选种工作，培育了很多马、牛、羊、狗、鸽和鸡的新品种。短角牛、细毛羊、大白猪等新品种层出不穷，斗鸡、飞鸽、跑狗竞相争胜，千百种观赏花卉争奇斗艳。

达尔文深入这些选种俱乐部，进行系统的调查研究。他拜访了许多优秀的动物饲养家和植物育种家，请他们填写家养动植物新品种培育过程调查表。他还亲自饲养鸽子，参加了两个养鸽俱乐部，对鸽子进行详细的研究。为了搜集不同品种的鸽子，他写信到美洲、印度、波斯去买特殊品种的鸽子标本，托人从我国福建、厦门给他寄去鸽子标本，向朋友索取死掉的稀有的鸽子尸体等。在研究中，他还查阅了大批古今英外学者的著作，翻遍了他所能得到的中国、埃及、印度及其他许多国家的资料。他通过 15 个月的研究，很快就明白了人类成功的关键在哪里。原来，人类通过选择那些对人类有利的变异，并使变异代代积累，培养出了对人类有用的新品种。他把人类的这种选择称为人工选择。

达尔文找到了人类培育动植物新品种的关键，但是，在自然情况下的生物，是怎样形成新物种的呢？这对达尔文来说，还是一个难以解开的谜。为了解开物种起源之谜，达尔文度过了许多不眠的夜晚。

1838年10月的一天，达尔文离开剑桥，到梅伊尔的花园中会见未婚妻爱玛。一路上，他都在思索物种起源的问题。“在动植物新品种形成的过程中，人类通过选择对人类有利的变异，培育出新品种。在这里，人起了主导作用。那么，在自然界里，是什么力量起主导作用，也就是选择作用呢？”

马呼呼地喘着粗气，使劲地向上爬，轻快的马蹄声变得越来越缓慢，越来越沉重。忽然，达尔文觉得一股耀眼的阳光射进了混沌的脑海。“生存竞争！”达尔文在翻阅马尔萨斯的一本著作时看到的这几个字眼从脑海里涌出来，“心有灵犀一点通”。达尔文欢呼着：“我找到了，我找到了！我终于找到了一个据以工作的理论。正是生存竞争，使适应环境者生存下来，不适应者被淘汰。生存竞争，就是自然界中物种形成的关键。正是生存竞争在自然界中起到了选择作用。这种选择可以与人工选择相比拟，称为自然选择。”

达尔文来到舅舅家，一整天都沉醉在发现了自然选择这一伟大法则的欢乐中。他不停地讲着马尔萨斯，讲着生存竞争，讲着人工选择，讲着自然选择。他那疯疯癫癫的状况，可把约西亚舅舅和未婚妻爱玛吓坏了。他们认为，达尔文一定是着魔了。

达尔文在1839年初就已形成了物种起源理论的完整思想。1842年6月，他在伦敦住宅中用铅笔写成了一个35页的物种起源理论提要。1844年，他在唐恩的书房中将这个提要扩充成一个230页的提纲。

这个提纲，是达尔文的宝贝。他觉得，要发表这个提纲，还为时过早，证据还不够充分，还有许多疑难问题没有解决，计划中的大量实验还没来得及做。总之，他觉得自己的刀和剑还磨得不够锋利，要对付宗教营垒的进攻，还得做大量的准备工作。他为了磨利战斗的武器，继续阅读各种书籍，做各种实验，搜集进化的证据。他不仅研究了家鸽、狗、猪、马、牛等家养动物的起源，谷类、小麦、花卉的起源，还研究了各种野生动物、野生植物的起源。

为了解答用自然选择学说不能解释的一些疑难问题，达尔文不断做着各种离奇的实验，勤恳地搜集各种证据。加拉帕戈斯群岛离南美洲大陆有1000多千米，按照达尔文的理论，群岛上独特的生物品种是从南美洲大陆传来的，在那里发生了变异，通过自然选择作用，形成了新的物种。“但是，是谁从南美洲大陆把这些植物种子带到远离大陆的孤岛上去的呢?”这个难题使达尔文伤透了脑筋。

他的好友虎克来访，达尔文带着女儿安妮，同朋友一起在书房外树林里散步。达尔文念念不忘那个已经使他失眠好多天的难题，对朋友说：“亲爱的虎克，我想，这个难题可以这样来解释。大陆上植物的种子可以随着洋流漂到岛上去。据说从墨西哥湾出发的洋流每天能走五六十千米。如果按照这样的速度，不出半个月，南美洲大陆的种子就可以随洋流漂到加拉帕戈斯群岛。你觉得这样解释如何?”

虎克是个植物学家，达尔文常常向他请教有关植物学的问题。虎克听了达尔文的解释，发表了内行的意见：“这不可能。在盐水里泡了十多天的种子，一定会泡涨泡烂。这样的种子还有发芽能力吗?退一万步讲，即便这不成问题，种子在漂流的过程中也会沉到海底。”

这一天晚上，达尔文又失眠了。直到清晨，他才迷迷糊糊地睡着了。在蒙眬中，他仿佛看到一条鱼在水缸里游来游去，大口大口地吞食着那些倒霉的种子。这时，一只鸬鹚飞过来，将这条鱼吃掉，然后飞到几百千米外的小岛上。看，鸬鹚把嘴中的鱼吐出来了。这条鱼还鲜活地在地上蹦跳着呢。咦，鱼把它吃进去的那些令人恶心的臭种子吐出来了。种子在海岛上发了芽。原来如此！是鱼吃了小草的种子，鸟又吃了鱼，鸟飞到海岛上，排泄掉未消化的种子，把大陆上的物种带到海岛上去的。

为了证实自己的梦境，达尔文解剖了一条鱼，将鱼的内脏取出来。他将鱼肠中的东西放到显微镜下观察。正如所料，鱼肠中有许多水草的种子，鱼多么爱吃水草的种子呀！他又从鱼缸里抓了一条鱼，往它的嘴里塞了一些玉米。然后，他将这条鱼喂给一只鹳。他收集了鹳的排泄物，发现玉米被原封不动地排泄出来。他把这些游历了两个动物体的玉米放在饼干盒中，做发芽实验。几天后，玉米发芽了，实验成功了，植物种子从大陆传到海岛有一个合理的解释了。

20年过去了，年轻英俊的达尔文由于工作的劳累和重病的折磨，未老先衰。他的头顶几乎秃了，只在脑后留下一绺暗褐色的头发。他那宽大的额头上布满了皱纹，他的背驼得十分厉害。高大魁梧的达尔文变成了一个佝偻的老头。

这20年中，达尔文不只是研究那些伤透脑筋的疑难问题，还要弄清楚各种动植物品种在100代以前是什么样子，在100万代以前是什么样子，自然界的物种是怎样通过自然选择作用生成和发展成目前这个样子的。他从比较各类动物的胚胎、骨骼结构、器官构造的研究中，清楚地看到了哺乳类、鸟类、鱼类在100代以前是什么样子，在100万代以前是什么样子。结果是惊人的，他发现，自然界的各大类物种起源于少数的古代祖先。

证据充分的产物——《物种起源》

▶导言

一个重大学说的确立，仅凭几篇论文是不够的，必须要有论点鲜明、证据充分的学术著作来奠基。为了使生物进化学说被世人接受，达尔文经过21年的积累，开始著述传世之作《物种起源》。

科学家时常会面临竞争，但如何面对竞争对手，做出理性选择，对每位科学家都是一场考验。达尔文用“热爱真理，轻视名誉”的理念，成功地解决了他和华莱士之间关于生物进化学说的发现权之争。

当达尔文把经过20多年研究得出的结论告诉围绕着他坐在书房里的朋友赖尔、虎克和莱顿时，朋友们惊得目瞪口呆。他们望着面前这位科学上的“愚人”和“疯子”，一时不知道怎么对待这个惊人的发现。他们怎么也不能理解，万物之灵的人类竟然同卑贱的动物成了亲戚。在很早很早以前的某一个时期，人类同猴儿、猫儿、狗儿、兔儿的祖先原来是兄弟姐妹。多么惊人的无稽之谈！

达尔文见朋友们个个呆若木鸡，对他的理论不置可否，激动地站起来，指着墙上的比较解剖学挂图和桌上玻璃瓶中用酒精浸泡的胚胎标本，进一步解释道：“你们看，人的手、蝙蝠的翅、海豚的鳍、马的腿都是由相似的骨架组成的，长颈鹿和象的颈部由同样数量的椎骨组成。你们再看看这些胚胎吧，哺乳类、鸟类、爬行类和鱼类虽然成体极不相同，但胚胎却很相似，用肺呼吸的哺乳类动物的胚胎却有靠鳃呼吸的鱼类的鳃裂。从这些事实和其他事实我可以得出这样的推断：一切脊椎动物，包括人在内，远古时期，一定有一个共同的祖先。在更近一些时期，各大类动物都有自己共同的祖先。自然界中目前的物种，在自然选择的作用下，逐渐由这些远古的祖先分化、发展而来。这就是我的进化学说的要点。”

虎克是熟悉达尔文的理论的，虽然他也被达尔文最后的结论弄得心神不宁，但他还是对朋友的理论表示赞赏。

对虎克的赞赏，达尔文的另一位朋友莱顿很不满意，他对这位年轻的朋友训斥道：“亲爱的虎克，达尔文已经把你引入堕落的中途了。我认为，他的理论的危害将比10个博物学者所做的好事还要大。他正在建立一个用肥皂泡般的事实支撑起来的空中楼阁。这个空中楼阁将把科学引入歧途。”

这番武断的说教惹恼了年近60的老教授赖尔。这位老教授是坚定的有神论者，他信仰上帝造物，但他也是一个尊重科学、爱护新生幼苗的人。他从达尔文的发言中，从翻阅达尔文像小山一样的实验记录中，清楚地看到了达尔文物种理论的价值，预感到在英国科学界将会涌现出一位世界性的大人物。他怒气冲冲地打断莱顿的话，插言道：“我不同意你那毫无根据的说教。睁眼看看达尔文所做的工作，就不会随意将这些称作‘肥皂泡’和‘空中楼阁’。我虽然并不以为自己会很快接受达尔文的理论，但我不认为这个理论是有害的。相反，如果他的理论能经受住历史的检验，那么英国科学家将会对人类做出一项有重大意义的贡献。”他转过身来，对达尔文说：“亲爱的达尔文，我认为，你的理论有坚实的证据做后盾，你应该把你的理论尽量充分地阐述出来，公之于世。”

达尔文听到尊敬的老师、亲爱的朋友对他的理论的高度评价，心里乐开了花，说："赖尔教授，你的鼓励是对我莫大的安慰。不过，我觉得自己还准备得不够充分，现在要发表这个理论还为时过早。"

赖尔生气地说："你怎么说还准备得不够充分呢，你已经为这个理论做了 20 多年的准备工作。人的生命毕竟是有限的，一个人的力量也是有限的。你应该尽早公布自己的学说，让更多的人来研究它。而且，如果你的学说能够取胜，那将是英国的光荣。你迟迟不发表自己的理论，别人会走到你的前面，你在这方面的研究领先地位就会丧失。"

虎克也劝道："我很同意赖尔教授的意见，我想，纵使你活到 100 岁，依照你的标准，要等到你的那些伟大法则所依据的一切事实准备好之后再发表你的理论，这种时机大概是永远不会来到的。"

在赖尔和虎克的一再催促下，1856 年 5 月，达尔文开始著述《物种起源》。他将 20 多年来研究物种问题的结果进行了充分的阐述，当时写作的规模比后来出版的《物种起源》大三四倍。

1858 年 6 月，当达尔文的《物种起源》写到一半左右的时候，发生了一件赖尔和虎克曾一再警告会发生的事，使他改变了原来要写一本包括许多卷大书的计划。

1858 年 6 月 18 日这天，达尔文收到一封侨居在马来群岛的英国青年科学家华莱士的信，信中附来了一篇论文的手稿：《论变种无限地离开其原始模式的倾向》。华莱士在信里征求达尔文的意见，是否应该将这篇论文发表。华莱士是英国一位青年博物学家，出身贫寒，比达尔文小 14 岁。达尔文 1842 年撰写那篇进化论提纲《物种理论概要》时，他还是一个 19 岁的学生。

这是一篇惊人的论文。华莱士寄来的这篇论文，阐述了他所发现的自然淘汰的原理。达尔文发现，华莱士的学说与他研究了20多年的自然选择理论是如此的相似，甚至华莱士论文草稿中用的术语同达尔文《物种起源》手稿中那些章节的标题竟是一模一样的。一句话，赖尔和虎克的话惊人地应验了，那就是有人跑到了达尔文的前面。

达尔文一遍又一遍地翻阅着华莱士的信，心乱如麻。到底该怎样处理这封信和论文呢？到底要不要断然放弃自己在这个领域的优先权呢？是的，华莱士在信中并没有要求达尔文帮助他发表这篇论文，他只是请达尔文对论文提出意见，如果认为论文有价值的话，请达尔文转给赖尔一阅。可是，达尔文觉得，既然这篇论文已寄到他手中，这在道德上就束缚了他的手脚。但放弃自己的优先权，对达尔文来说是一件十分痛苦的事情。怎么办呢？达尔文的脑海里闪出他为自己立下的座右铭："热爱真理，轻视名誉"，他的心里一亮。"真理的胜利比优先权问题更为重要，现在，多了一个志同道合的战友，这是一件多么值得庆幸的事啊，我为什么这么卑贱地在优先权问题上打圈儿呢？"达尔文这么想着，心情渐渐平静下来。他做出了决定，放弃自己发现自然选择法则的优先权，促使华莱士的论文尽早发表。

达尔文根据华莱士的要求将论文转给了赖尔，并向赖尔推荐这篇论文。他对赖尔说："你的话已惊人地应验了，那就是别人跑到了我的前面。我从未看到过比这件事更为显著的巧合。即使华莱士手中有我在1842年写的那个草稿，他也不会写出一个较此更好的摘要来。您看完请把草稿还给我，因为他没有说叫我发表，当然我要立即写信给他，建议他把草稿寄给任何刊物发表。我的创造，不论它的价值怎样，将被粉碎了。但我的书如果有价值的话，将不会因此而减色，因为我把一切精力都用在这一理论的应用上了。"华莱士的信使达尔文宁静的脑海激起了一阵涟漪。当达尔文交出了给赖尔和虎克的信后，他的生活恢复了昔日的平静，《物种起源》的草稿一天天增厚。他没有想到，这种他自己很想继续保持的平静生活会再一次被人打破。

达尔文的朋友们不同意他的决定。赖尔说："我们现在考虑的不是你和华莱士谁应该享受优先权的问题。为了照顾科学的一般利益，你和华莱士的论文应该一同发表。如果你放弃了你所发现的伟大法则的优先权，让华莱士独自作战，这对科学的发展是有害的。请你慎重地考虑一下你对科学事业担负的责任吧！"

"既然你们坚持要这样，并认为这样做是对科学事业有利的，我可以将我在 1844 年写的物种理论提要作为华莱士论文的附件发表，同时，我可以把 1857 年 9 月 5 日写给美国博物学家爱沙·葛雷博士的信的副本交给你们。这封信阐述了我的自然选择学说的基本观点。我同华莱士之间的不同点只有一个，我的观点是由人工选择对家养动植物所起的作用而形成的。这封在 9 个月以前写的信可以证明我没有抄袭华莱士的学说。"赖尔和虎克拿到达尔文交出的两个文件后，立即同英国林奈学会磋商，学会决定同时宣布华莱士的论文和达尔文的两个文件。1858 年 7 月 1 日晚，林奈学会的会议室里挤满了自然科学家。达尔文因病未能到会，华莱士的论文和达尔文的文件由他人代为宣读。论文宣读后，赖尔和虎克做了简短的发言，以使

达尔文的导师之一——赖尔

在场的人知道，这些论文得到他们两位的支持，并愿意在论战中做达尔文的副手。华莱士和达尔文的文章激起了到会科学家强烈的兴趣，由于这个题目太新奇，使得旧派的人在未穿上甲胄以前不敢挑战。会议之后，人们用压低了的声音谈论着这个题目。这几篇文章过于简单，没有详细的事实论证，人们很难对它们做恰当的评价。因此，学会要求达尔文将他正在写作的《物种起源》缩写成一个不超过 30 页的摘要，在学会会报上发表，以使人们进一步了解这个学说后对其做出评价。

达尔文对于自己苦心经营了 21 年的物种理论被迫仓促发表怏怏不乐，同时他听说自己的文章并不是作为附件发表的，很不满意。他对虎克说："我原来只同意把我的两个文件作为华莱士的论文的附件发表，你们的做法远远超过了使我满意的程度。"

达尔文在荣誉面前表现得十分谦虚，华莱士在这个问题上也是很谦虚的。他后来说："那个时候我只是一个急躁的少年，而达尔文则是一位耐心的、下苦功的研究者，勤勤恳恳地搜集证据，以证明他发现的原理，不肯为了争名而提早发表他的理论。"

在达尔文的自然选择学说经过 21 年的酝酿问世以后，达尔文为了弥补仓促发表带来的缺陷，立即着手写学会要求的摘要。由于材料太丰富了，达尔文很快发现这个摘要要满足会报的要求是不可能的，单单是家养状况下的变异就写了 35 页，这已经超过了学会要求的篇幅。他一口气写下去，奋战了 10 个月，写出了一个长达 500 页的摘要。这样长的摘要是不可能在会报上发表的。在赖尔的劝导下，出版家穆瑞看了达尔文著作的前三章以后，就毅然决定出版这部著作。1859 年 11 月 24 日，《物种起源》第一版发行了。这一天，伦敦的书店里热闹非凡，人们你推我拥地抢着购买这部伟大的著作，第一次印刷的 1250 册在一天之内就卖光了，接着穆瑞又印了3000册，也被一抢而空。

这一部离经叛道、理论性非常强的著作销路这么好，可把出版家穆瑞乐坏了。达尔文和他的朋友们也乐坏了，惊呆了。形成这一股抢购风的原因很复杂，其中一个原因是达尔文没有料到的。在《物种起源》正式发行前夕，达尔文分送了一部分样书给他的一些朋友。这些朋友中的一位看了达尔文赠送的样书后，就在《英国科学协会会报》上发表书评，辱骂达尔文。这位朋友在书评中要求把达尔文交到神学院和博物馆去。也许是这篇书评帮了穆瑞和达尔文的忙。在那些抢购《物种起源》的人中，就有一些是教会的神父。他们要研究这部著作，找到达尔文背叛基督教的证据，然后将他绑到宗教法庭，烧死在火刑台上。当然，购买《物种起源》的人中，更多的是自然爱好者。他们从书评上看到达尔文《物种起源》中的观点太新奇了，太不平常了。

牛津大论战——生物进化论获得科学家共同体的承认

▶导言

一个新学说的建立，必须要过科学家共同体和公众接受承认这一关。在达尔文的生物进化论取得胜利的过程中，英国科学家兼科普作家赫胥黎功不可没。他自称是达尔文的“鹰犬”，用大量科普作品为新学说开道，并在牛津大论战中取得了决定性的胜利。

《物种起源》惊动了整个世界。它像一颗炸弹，在宗教迷信统治的世界上炸开了。它用极其丰富的材料、确凿的证据，证明了生物世界不是上帝的特殊创造物，而是少数古代祖先的直系后代。它们在自然选择的作用下，由简单到复杂，由低等到高等不断发展着。这就是达尔文宣布的生物进化论。生物进化论戳穿了千百年来基督教关于上帝造物的谎言，致命地打击了宗教迷信势力。

《物种起源》中文版封面

那些宣传上帝创世说的封建牧师、主教，面对这个学说不寒而栗。相信上帝和《圣经》的学者，感到了信仰受到冲击的恐惧。他们踌躇片刻后结成了同盟，向达尔文扑来，展开围剿战。

这时，达尔文正在一个叫艾克雷的小镇上，用冷水疗法治病。他的身体非常糟糕，起初他扭伤了踝骨，后来复发的老病使他整个脸和腿都肿得发亮。他全身生满皮疹，还不断地生着可怕的疮。在重病中，他接到了许多攻击他的书信和报刊。他不得不从病床上挣扎着爬起来，对付那汹涌澎湃的攻击浪潮。

达尔文躺在病床上，听妻子爱玛读那些雪片般飞来的信件，念那些充满了辱骂词句的书评。他第一次听到在《英国科学家协会会报》上发表的匿名书评后，怒不可遏地说："啊，这一定是莱顿写的。只有他才可能这么了解我，只有他才能写出这么巧妙的文章去迷惑人们。卑鄙啊，他教唆那些神父来攻击我，让他们随意摆布我。他绝不是要亲自烧死我，但他已经把柴准备好了，并告诉那些黑色的野兽，怎样可以捉到我，用他准备好的柴来烧死我。"

爱玛望着悲戚的丈夫，心里很难过。为了安抚丈夫，她从新到的一些信里挑选了几个老朋友的信念给他听。这是亨斯罗教授的信，他说些什么？亨斯罗只同意他的很小一部分观点，也就是说，他根本不同意达尔文的基本观点。好在亨斯罗并没有像其他人一样辱骂他，这使他缓了一口气。可是，他的地质学老师，署名为"从前是你的朋友、现在是猴子的儿子"的塞治威克教授，毫不留情地写道："我读了该书之后的痛苦多于愉快。我认为你的这一理论是恶作剧，提倡这一理论的人都有腐败了的理解力。"

达尔文听到这里，痛苦地叫喊起来："腐败了的理解力！呵，在这个问题上，可怜又可亲的老塞治威克似乎已经失去了理性。不过，我并不重视这一切评论。我把赖尔、虎克、赫胥黎认作我的作品的裁判者，并把赖尔认定为裁判长。我只重视他们的评论。爱玛，有他们的来信吗？”

爱玛翻了翻信札，抽出两封信说：“虎克和赖尔来信了。”

达尔文从病床上支起身来，迫不及待地听爱玛念两位裁判的“裁决”。虎克的态度同平时一样鲜明，他说：“这本书对于奇异事实和新鲜现象的精密推理是多么丰富呀！这真是一部伟大的著作，它将会得到非常的成功。那些懒惰的印书者还没有把我那篇不走运的论文印完。如果把我的那篇论文放在你的这本书的旁边，它就像是皇家旗帜旁边的一块烂手巾。”

朋友的赞赏使达尔文乐不可支，他的脸上露出了愉快的笑容。这种笑容没有维持多一会，赖尔的来信使他的脸色很快地阴沉下来。他最重视的裁判长，平时那么支持他的赖尔的态度竟然非常暧昧。赖尔虽然表示接受达尔文的大部分观点，但他是一个坚定的有神论者，无法接受达尔文否定上帝、造物主的理论。特别是，他同塞治威克教授一样，看到书中流露出来的人也是从动物演化而来的思想震惊万分。他在信中表示不愿意公开站出来为达尔文的进化学说辩护。

失去一位在英国学术界处于权威地位的人物的支持，失去一位自己深深敬仰的老朋友的赞同，达尔文感到有些手足无措。唉！在偌大的世界上，除了虎克以外，没有谁再支持他的学说。他感到多么孤立无助啊！

“我的学说会成功吗？”达尔文忧伤地说，“不！我的学说是真理，真理总有一天会战胜谬误的。我要说服赖尔，我要说服那些同我的观点相近的朋友，使他们站在真理一边。”

想到这里，达尔文忘掉了病痛，一个翻身爬起床，对爱玛说：“快去准备马车，我要到伦敦去。”

当达尔文拖着疲惫万分的身体，摇摇摆摆地走进伦敦赖尔的住宅时，赖尔和正在他家做客的虎克大惊失色。他们把达尔文扶到赖尔书房里的一个长沙发上躺下，待达尔文喘息定后，赖尔说：“我亲爱的朋友，你有什么急事，使得你带着重病长途跋涉呢？”

“啊，亲爱的赖尔，你的来信使我伤心透顶。莱顿的辱骂、报刊的攻击、教会的咆哮，我都不在乎。可是，我对我心中认定的裁判长的冷漠，却感到难以忍受。为了这，我不顾一切地来了。我希望你能同我站在一起，为进化学说的胜利而战斗。”

赖尔笑笑说：“你的虎克为了说服我，已经同我讨论两三天了。我想，我要在自己将来写的一本书中正式承认进化论。我已被迫放弃了我仅有的信仰，而我还没有充分看到一条通向我的新信仰的道路。在这样的情况下，你对我这样的态度大概可以满意了。”

正当三个朋友讨论得十分热烈的时候，一位目光犀利、态度潇洒的青年科学家走了进来。这就是达尔文认定的三个裁判者之一，英国动物学家兼古生物学家赫胥黎。他和达尔文是在1858年认识的。这位言谈雄辩、热情奔放的学者很快就同达尔文建立了亲密的友谊。赫胥黎紧紧地握住达尔文的手，诚挚地对他说：“我尊敬的朋友，由于你的著作，你已经博得了一切有思想的人们的永远感激，虽然有很多的辱骂和诽谤已经为你准备着，但是，希望你不要为此而感到任何的厌恶和烦忧。你可以信赖一点，你的一些朋友无论如何还是有一定的战斗力的。我愿意做你的鹰犬，我已磨利了爪和牙以做准备。为了支持你的理论，我准备接受火刑！”

赫胥黎还是一位伟大的科普作家，他善于把深奥的生物进化理论变成通俗有趣的文章，他在《物种起源》出版后的第二个月，就写了一篇题为

《时间与生命》的科普文章,在《麦克米伦》杂志上发表,支持达尔文。他还在英国皇家学会演讲,宣传达尔文的学说。在斗争的关键时刻,赫胥黎得到了一个偶然的机会,使他能够在英国报界居于领导地位、读者众多的《泰晤士报》上发表了关于《物种起源》的书评。他那严密、深刻、独到的见解,通俗、流畅、优美的文字,在社会上引起了很大的震动,感染了一批学者,他们开始支持进化论。

在达尔文、赫胥黎、虎克的努力下,达尔文进化论的大旗下逐渐集合了一批著名的学者。1860 年 3 月 3 日,达尔文在给虎克的信中,列举了已经站到达尔文进化论大旗下的 14 名战士。

有了这支坚强的队伍,达尔文对打赢这场已经揭幕的科学论战充满了信心。他在给朋友的信中说:“他们可以都来尽情地攻击我,我的心肠已经变硬了。据我看,他们的攻击证明了我们的工作并没有辜负我们所费的精力。这使我决心穿好我的铠甲。我看得很清楚,这是一场长期而艰苦的战斗。但是,我们如果坚持这一理论,那么一定能取得胜利。”

进化论的敌人、各国的主教们、信奉神创论的自然科学家们,聚集在上帝和《圣经》的黑旗下,磨刀霍霍,准备向达尔文做一次致命的打击。在达尔文的祖国,战斗气氛最为热烈。《爱丁堡评论》《英国科学协会会报》充斥着反对达尔文的学说、辱骂达尔文的书评。各种辩论会上,《圣经》和上帝的信徒们发出一支支毒箭,射向达尔文。牛津大学主教威柏弗斯率领他的信徒分赴各地演说,竭力诋毁达尔文的学说,颂扬上帝和《圣经》。

达尔文主义者勇敢地接受了挑战。在英国,以赫胥黎为首的进步学者在各种辩论会上冲锋陷阵,在报刊上发表宣传达尔文主义的文章,创作宣传达尔文主义的科普读物,举办演讲会。在德国,以海克尔为首的进步学者在为捍卫达尔文主义而战斗。在美国,爱沙·葛雷等进步学者举起了达尔文主义的旗帜。在法国，作家左拉高举着进化论的火炬。

赫胥黎

为保卫达尔文主义而进行的一场最重要的战斗发生在1860年6月底。这就是科学史上十分著名的牛津大战。这次大战是在英国牛津大学举行的“英国科学协会”上进行的。这次会议以关于《物种起源》一书的两次激战闻名于世。

1860年6月30日，一场震惊世界的激战爆发了。威柏弗斯主教邀请了一大批教士、贵妇人和落后学者参加会议。在会议上，他发表了一篇题为《回顾欧洲的智力发展兼论达尔文先生的观点》的论文，向赫胥黎挑战。面对会议上的反动势力和落后学者越来越猖狂的挑衅，赫胥黎勇敢地站了出来，表示愿意和威柏弗斯主教等人进行公开辩论。

赫胥黎的应战宣言一发表，人们全都激动起来。本来准备在演讲厅进行辩论，后来发现听众人数远远超过了这间房子所能容纳的人数，于是主办方把会议移到博物馆的图书室进行。听众不断地拥进来，他们都想听一听这两位出名的能言善辩的演说家将要展开的精彩的辩论。辩论开始之前，图书室就已经拥挤得水泄不通了。

趾高气扬的威柏弗斯主教首先跳上讲台，以不可一世的态度做了半个小时的口若悬河的演说。虽然他的演说空洞不公平，但他的声音是悦耳的，态度是有说服力的，措辞是优美的。他虽然对生物学一窍不通，却大谈起石灰纪的花朵和果实、菜园里的芜菁来。他说：“谁看见过而且正确地证明过一些物种转化为另一些物种呢？难道可以相信菜园里一切比较有益的芜菁都能变成人吗?”

得意忘形的主教把他从那漂亮的演说中得到的优势应用到人身攻击上。他目光锐利地直逼赫胥黎，以一种十分漂亮的姿势问道:“坐在我对面的赫胥黎先生，你究竟是通过你的祖父还是通过你的祖母同无尾猿发生了亲属关系?”主教卑鄙的嘲弄博得了教徒们的一片欢呼。狂热的信仰宗教的交际界贵妇人布留斯特夫人为主教的诡辩如癫似狂地喝彩起来。

赫胥黎镇静地听完演说，不慌不忙地走上讲台。他首先向听众宣传达尔文的理论，用雄辩的科学事实证明进化论是科学的，是真理。赫胥黎对威柏弗斯演说中胡乱举出的生物学例证一一做了分析，证明主教在生物学上的无知。

赫胥黎雄辩有力的发言，像鞭子一样抽在威柏弗斯和教徒们的身上，会场的气氛紧张到了极点。赫胥黎最后面对主教，回答他的嘲弄，说:“至于说到人类起源于猴子的时候，当然不能这样简单地来解释。这只是说人类是由猴子那样的祖先演化而来的。但是你对我提出的问题，并不是以平静的研究科学的态度提出的，所以我将这样回答:我过去说过，现在我再重复一次，一个人没有任何理由因为他的祖先是猴子而感到羞耻。我为之感到羞耻的倒是这样一种人:他惯于信口开河，不满足于自己活动范围内的令人怀疑的成功，而且还要粗暴地干涉他根本不理解的科学问题。他避开辩论的焦点，用花言巧语和诡辩的词令来转移听众的注意力，企图煽动一部分听众的宗教偏见以压倒别人。如果我有这样的祖先，才真正觉得羞耻啊!”

赫胥黎的话音刚落，兴奋的青年大学生和进步学者立即发出热烈的掌声，不少人为赫胥黎痛快淋漓的反驳欢呼起来。威柏弗斯主教气得面如土色，无言以对。刚才如癫似狂地为主教喝彩的布留斯特夫人当场气得昏了过去。贵妇人们尖叫了起来，人们手忙脚乱地将布留斯特夫人抬了出去。

这位夫人的事件使辩论会暂停了一会。辩论会继续开始的时候，有些人喊叫着虎克的名字。于是，亨斯罗主席邀请虎克上台发言，让他就植物学方面发表一下对达尔文学说的意见。

虎克走上讲台，他逐步剖析主教的发言，证明主教绝没有理解《物种起源》的原理，而且绝对没有植物学的初步知识。对此，主教不敢作答，悻悻地溜出了会场。听众再一次向赫胥黎、虎克等进步学者鼓掌、欢呼。具有历史意义的这次牛津大辩论，同 30 年前法国科学院的大辩论相反，以进化论者的胜利而宣告结束。

这次牛津大战，在英国产生了强烈的反响。这次论战后，在英国大规模地围攻进化论的论战再也组织不起来了。

为传播进化论建立了不朽功勋的赫胥黎，善于用通俗生动的语言阐述达尔文深奥的著作中的道理。他将这种特长应用于演讲上，还花了很多精力写科普读物介绍达尔文学说。他的这种特殊的战斗方式，对进化论的传播起到了其他人不能起到的作用。

达尔文曾对赫胥黎说："我知道，让你抽出时间来写一本关于动物学的通俗著作的可能性是很小的，但你大概是唯一可能做这件事情的人。我有时认为，为了科学的进步，通俗的著作几乎同创造性的研究一样重要。"

1863 年，赫胥黎为了履行要回答欧文教授的诺言，出版了科普读物：《人类在自然界的位置》。在这部著作中，赫胥黎从比较解剖学、发生学、古生物学等方面，详细地阐述了动物和人类的关系，确定了人类在动物界的位置，首次提出了人猿同祖论。

赫胥黎、虎克等进步学者的英勇战斗，为达尔文进化论在英国的胜利奠定了基础。当赫胥黎、虎克在英国论坛上冲锋陷阵的时候，进化论的主帅达尔文在与病魔顽强地搏斗着，完成他的那一部分工作，用他的著作为进化论大军提供威力强大的炮弹。1860 年到 1872 年间，达尔文在与疾病的斗争中，完成了《动物和植物在家养下的变异》《人类起源与性选择》《人类和动物的表情》三部生物学经典巨著。这三部巨著给予各国进化论者有力的武器。进化论和神创论的战斗继续到 19 世纪 70 年代末，达尔文主义在很多国家站稳了脚跟，被欧洲和美国学术界普遍地接受了。

漫画《主教与赫胥黎》

达尔文主义的基本论点

▶导言

达尔文主义的基本论点为，现存多种多样的生物是由原始的共同祖先逐渐演化而来的，揭示了自然选择是生物进化的主要动因，其核心是自然选择学说。

达尔文的自然选择学说主要内容包括以下三个方面。

一为生存斗争的理论。生殖过剩与生存条件有限这一矛盾是地球上物种被淘汰的外在原因之一。

二为遗传性发生变异的理论。虽然变异的机制并不清楚，但普遍发生变异的事实不容否认，达尔文以此说明物种演变的内在原因。

三为适者生存的理论。生存条件一直在变化，如果物种的变异适宜于变化的环境，那么就在生存斗争中取得胜利而发展；如果物种的变异不适宜于当时的生存条件，那么就趋于衰减或灭亡。

这样，达尔文基于自然界本身的事实和矛盾，为我们大致描绘了生物进化的机制，各种关键的问题在他这里都有了比较合理的、有事实佐证的回答。

新的物种是怎么出现的呢？因为旧的物种会变异。很多物种为什么灭绝了？因为它们承受不住生存斗争的压力。为什么现存生物与环境的关系是那么和谐呢？因为无数变异之中的某些变异恰好符合环境的选择。

至于为什么低等生物到处存在，达尔文写道："这是不难理解的，因为自然选择即最适者生存，不一定包含进步性的发展。自然选择只利用有利于处在复杂生活关系中的生物的那些变异。"

达尔文的进化论可概括为"物竞天择，优胜劣汰。适者生存，不适者淘汰"。

变异是选择的原材料。达尔文认为一切生物物种都是要发生变异的，物种是由变异的个体组成的群体，世界上没有两个完全相同的生物。

变异可分为一定变异和不定变异两种。所谓一定变异是指同一祖先的后代，在相同的条件下可能产生相似的变异。如气候的寒暑与毛皮的厚薄，食物的丰匮与个体的大小。所谓不定变异是指来自相同或相似亲体的不同个体，在相同或相似条件下所产生的不同变异。如同一白色母羊所生羊羔中，可能有白羊、黑羊或其他颜色的羊。

达尔文认为，生物进化的动力是生存竞争，生物普遍具有高度的繁殖率和繁殖过剩的倾向，但由于食物和空间的限制以及其他因素的影响，每种生物只有少数个体能够发育和繁殖，这就产生了生存竞争。生物在生存竞争中，对生存有利的变异个体被保留下来，对生存不利的变异个体则被淘汰，这就是自然选择或适者生存。有利变异在种内经过长期积累，导致性状分离，最后形成新种。

达尔文强调，生存竞争是自然界中物种形成的关键，生存竞争在自然界中起到了选择作用，这种选择称为自然选择。

达尔文强调，生物对环境有巨大的适应能力；环境的变化会引起生物的变化，生物会由此改进其适应能力；环境的多样化是生物多样化的根本原因;适应是自然选择的结果。

达尔文认为,一切脊椎动物,包括人在内,远古时期有一个共同的祖先。在更近一些时期,各大类动物都有自己共同的祖先。自然界中目前的物种,在自然选择的作用下,逐渐由远古的祖先分化发展而来,“自然选择”驱动着生物由低的等级向较高的等级发展变化。

这里需要着重指出的是:达尔文在论证观点时,巧妙地运用事实的能力是非常值得我们借鉴的。他没有像拉马克那样,把自己的学说建立在大量的猜测之上。这样说是否意味着达尔文用事实解答了一切问题?不是。他巧妙地运用事实的能力在于:一方面,当他不能提供事实解释如此发生的机制时,他便声明,目前的科学尚不能解开这个事实之谜;另一方面,他动用各方面的大量材料来证明这是事实。这样,虽没有解释“所以然”,但很容易使大家相信他所说的是符合事实的。例如,关于变异的机制和遗传的机理,达尔文都无法给予合理的解释,他承认:“我们对于变异规律深深地无知。我们能提出这部分或那部分为什么发生变异的任何原因,在一百个例子中还不到一个。”关于遗传,他说:“遗传的法则是不可思议的,这是未来科学的事情。”达尔文对于自己无法回答的问题,从不轻易猜测和下结论,以避免让无把握的猜测降低理论的可靠性。但变异和遗传是客观存在、抹杀不掉的,于是达尔文就将丰富的材料摆在读者面前,这就使人读来不能不信,而把对原因的探讨寄希望于未来的科学。另外,当他解释事实发生的原因,说明自己的理论时,尽量搜集各方面、各种学科的研究成果来佐证自己的观点,这样做无疑增加了新理论的可信性。他 1859 年发表的《物种起源》,其材料丰富、翔实,充满了字里行间,不难想见达尔文驾驭事实的深厚功力和良苦用心。

达尔文进化论的缺陷

▶导言

达尔文的进化论已经创立了150余年，其诞生之初，是作为一种假说被提出来的。受到当时科学条件的限制，达尔文的进化论是不完美的，存在着许多重大的漏洞和缺陷。

达尔文对自己的进化学说并不完全满意，他在《物种起源》一书中论及化石时，标题为“不完美的地质记录”。他承认在当时的化石研究中并未有证据显示有物种间过渡类型的存在，并指出这可能是最易于检验而又具有杀伤力的反进化论的理由。他看到了进化论的先天缺陷，并希望后人能给予验证。

达尔文进化论缺少过渡型化石作为证据。按照自然选择学说，生物进化是一个在环境的选择下，逐渐发生改变的过程，因此在旧种和新种之间，在旧类和新类之间，应该存在过渡形态，而这只能在化石中寻找。在当时已发现的化石标本中，找不到一个可视为过渡型的。达尔文认为这是由于化石记录不完全，并相信进一步寻找将会发现一些过渡型化石。确实，在《物种起源》发表两年后，从爬行类到鸟类的过渡型始祖鸟化石出土了，以后各种各样的过渡型化石纷纷被发现，最著名的莫过于猿人化石，如今被称为过渡型的化石已有上千种，但是与已知的几百万种化石相比，仍然显得非常稀少。这有两方面的原因：一方面，生物化石都是偶然形成的，因此化石记录必然不完全；另一方面，按照现在流行的“间断平衡”假说，生物在进化时，往往是在很长时间的稳定之后，在短时间内完成向新种的进化，因此过渡形态很难形成化石。

在基因被证实以前，达尔文进化论缺乏遗传学基础。达尔文提出进化论的时候，科学上对于活细胞的惊人复杂程度，不是所知甚少，就是一无所知。那时，基因、DNA还都躲藏在看不见、摸不着的微观世界里，甚至人们的想象力都无法到达的地方。现代遗传学鼻祖孟德尔把他的论文寄给达尔文，可惜达尔文不屑一顾，没有仔细看。他完全不明白生物在分子层面的精密组织，以为细胞非常简单，很容易从无生命的物质演化而来。

许多生物现象是随机变异的，自然选择无法解释，一种不能全面解释生物现象的理论一定存在问题。在《物种起源》发表以后，达尔文坦诚道：“到目前为止，每次想到眼睛，我都感到震撼。”其实何止是眼睛呢？大脑、心脏、消化系统、循环系统、神经系统、免疫系统、生殖系统等也都非常精密，这些组织结构不仅复杂而且相互协调工作，维持生物机体的正常运行。这些怎么能用随机变异和自然选择来解释呢？

“物竞天择，适者生存”是一种牵强的生存理念，好像生命中只有你死我活的争斗，而爱的情怀、美的感受、同情心等基因都找不到存在的理由，这与生命的现实表现不一致。现代人类的进化根本无法用达尔文学说进行解释。

长期以来，关于推动生物进化的原因和机制存在很多争议，实际上进化的驱动因素、方向、适应的原因等直到今天还不能被说清楚。生物存不存在驱动进化的内在机制？环境在生物进化的过程中究竟起什么作用？

内因和外因之间有没有关联，如何关联？这些与进化相关的问题还需要通过科学研究去弄清楚。遗传变异的方式与自然选择的作用直到现在都难定论，关于生物进化的驱动因素和机制，科学界还存在许多争议。

100多年来，新、旧进化学说既有承袭，也有发展；既有补充、修正，也有对立、争论。关于进化论的争论，总是围绕着下面三个主题。

第一，进化的动力是什么？一些进化学说强调环境对生物体的直接作用，认为外环境的改变是推动生物进化的动力。近年来出现的"新灾变论"也认为环境的改变或灾变是所有大的生物进化改变的推动力。米丘林—李森科理论认为环境可以引起生物定向的、适应的变异。与此相反，另一些进化学说则主张进化的动力在生物内部。达尔文以前的拉马克主义者和活力论者都认为生物内部的"意志"或"活力"驱动生物进化。达尔文以后的突变论者和某些现代遗传学家认为生物本身的遗传机制是推动进化的主要因素。

第二，进化是否有一定方向？拉马克主义者认为进化是定向的，是进步的，即由低级、简单的结构向高级、复杂的结构进化。与此相反，达尔文主义者和近代综合论者都认为进化是适应局部环境的，因此，进化的方向是由环境控制的。随机论者认为进化是随机的、偶然的、无方向的。但近年来一些地质学家，如美国人克劳德认为地球环境的改变是有方向的、不可逆的，因而生物的进化也是有方向的、不可逆的。

第三，进化的速度是否恒定？进化是渐进的还是跳跃的？达尔文学说和近代综合论基于自然选择原理来解释进化，认为进化是渐变的过程。近代中性论认为进化速度近乎恒定。20世纪70年代发生了断续平衡论与线系渐变论之间的争论。断续平衡论和新灾变论都强调进化的不连续性。

为什么生物界如此多种多样？为什么这种生物和那种生物相似或相异？为什么这种生物的形态结构是这样的而不是那样的？为什么生物都适应于它们生存的环境？复杂的生物系统是如何通过逐步累积微小的改变而形成的？达尔文式的进化论能否解释分子层面的生命现象，能否阐明遗传变异的机理和进化的实质？尤其在过去的 20 多年的时间里，适应性遗传研究的结果使达尔文主义陷入困境。

随着人们对生命科学认识的不断加深，用自然选择的进化机制是无法解释生物进化的，现代生物学研究所发现的东西让人们感到有必要重新考虑达尔文进化论的正确性。事实上，生物学还是一门很新的学科，现有的生物学概念和理论并不足以表达生命现象背后隐藏的事实。

完整意义上的进化论，不仅要回答生命产生后的生物进化过程，而且还要解决生命物质是如何产生的问题，即怎样由简单的无机小分子进化到复杂的有机大分子，进而产生生命体。越来越多的证据显示，有机体不可能随意进化，基因的变异在很多情况下是非随机的，达尔文的进化学说实在有太多的硬伤和说不过去的巧合。

达尔文理论面临最严峻的挑战来自现代分子生物学，如蛋白质、核酸的结构和形成等问题，又如生命起源、新陈代谢等都是这种理论无法解释的。所以，达尔文进化论在科学性和严谨性上都存在问题，它不是认知生命意义的可靠途径。达尔文的进化论其实是假说、信仰和并不完美的证据的杂合体，离严谨的科学结论还有相当的距离。

从进化学说的历史可以看出，科学理论的替代并不只是简单的新理论对旧理论的否定和排斥。某一学科的发展往往以某个中间层次为起点，向微观和宏观两个方向扩展和深入，而相关的科学理论也随着这种扩展和深入不断获得新的信息，并被不断地修正、更新和改造。这就是科学理论的“发展式替代”，旧理论被修正、改造为新理论。达尔文的自然选择学说建立在对生物个体层次的认识基础上，随着生物科学和古生物学向微观和宏观层次的深入和扩展，必然要对它做相应的修正和改造。基础学科的综合理论大体都有这样的经历，这类理论总是随着基础学科的发展而发展，争论不停息，理论本身的演变也不会停止。

实际上，进化论仍处在一个发展和完善的阶段，达尔文的学说并没有成为定论。作为一个真正的科学工作者，应正视旧理论的缺陷及其面临的挑战，并勇于摆脱束缚。只有这样，科学才能向前发展，社会才能向前推动。

达尔文的生物进化论虽然不是现代生物学的终极真理，却是现代生物学的起点和里程碑。现代形形色色的达尔文主义都是对达尔文理论的补充、修正和完善，而各种非达尔文主义、反达尔文主义、新拉马克主义、特创论，均还没有找到有力的证据，来推翻达尔文以自然选择为核心的生物进化学说。

第四章　遗传规律的发现

孟德尔、摩尔根和现代分子生物学的发现，为传统达尔文主义向形形色色的达尔文主义、新拉马克主义，乃至非达尔文主义、反达尔文主义、新灾变论、特创论的发展提供了良好契机。

达尔文的假说

导言

大胆设想在科学发现上是很重要的，许多发现都是在假说的启迪下完成的。“为什么龙生龙，凤生凤，老鼠生儿会打洞?”这个世界性难题就是在若干假说的验证中逐步被解答的。进化论的创立者达尔文也提出过“泛生论”假说企图来解答这个问题。

科学家们通过观察、实验、思索来揭开生命之谜和遗传之谜。他们在认识和应用遗传规律上，走过了一条漫长、崎岖的路。

从拉马克、达尔文等科学家开始，人类就开始对生物的遗传规律进行系统的研究。其中，以达尔文的工作对后来的遗传学研究影响最大。从达尔文开始，成百上千的科学家用毕身的精力探索生命和遗传的秘密。

1859 年，达尔文的那部不朽的著作《物种起源》问世了。在《物种起源》里，达尔文提出了以自然选择学说为核心的生物进化理论。在这部著作和其他著作里，达尔文对生物的遗传和变异现象进行了探讨。他认为，生活条件的影响是变异的原因之一。可是，生活条件的影响为什么会改变遗传性? 怎样改变遗传性? 生物为什么会有遗传性? 种瓜可以得瓜，种豆可以得豆，为什么种金子不能得金子，种钻石不能得钻石? 也就是说，为什么只有生物可以繁殖后代，而非生物却不行? 这是达尔文一辈子也没有找到满意答案的问题。他通过金鱼草和豌豆进行育种实验后，冥思苦想，提出了“泛生论”假说，企图以此来解释生物的遗传现象。他设想，一个生物体的各个细胞都要分离出一种特殊的微芽，这种微芽被输送到繁殖器官。集中了从各个细胞里输送来的微芽的繁殖器官，在生殖过程中由父母传给儿女。儿女在生长发育的过程中，这些微芽不断生长，成为成年个体的各部分。

“泛生论”假说使达尔文乐不可支。他常常怀着狂喜的心情同他的朋友们谈论“泛生论”假说，他把“泛生论”比喻为一个“伟大的精灵”。他的朋友，自然选择学说的创始人之一华莱士对他说：“‘泛生论’学说对我是一种肯定的安慰，因为一向烦扰我的那个难题有了一个讲得通的解释。在没有一个更好的解释可以代替它的位置以前，我永远不能放弃它。”

达尔文并不固执于自己的假说，他只是将假说提出来，启发大家探讨遗传和变异现象神秘的原因。他对华莱士说：“提出泛生学说，是为了对各种事实有一个讲得通的解释。一旦人们找到一个更好的假说，这种解释就可以不要了。”

后来，事实证明泛生学说是错误的假说，但由于达尔文抛砖引玉，吸引了许多学者去探索生命之谜和遗传变异之谜，仅 19 世纪下半叶，科学家们提出的相互矛盾的假说就有三百多种。

孟德尔的功勋

▶导言

获得重大发现的科学家，往往能耐住寂寞，从不为一般人注意的平常事物入手，用大量的观察实验寻找事物的规律。“种瓜得瓜，种豆得豆”这个世界难题被一个奥地利修道院院长孟德尔，在寂寞的修道院生活中，通过长期大量的遗传学研究解决。他从这些实验中，推导出生物体内存在遗传因子，并发现了两条遗传规律。

达尔文主义的主要缺陷是缺乏遗传学基础，孟德尔遗传理论的创立理所当然地为传统达尔文主义向新达尔文主义发展提供了良好的契机。

1822 年 7 月 20 日，格里戈尔·约翰·孟德尔出生在奥地利西里西亚（现属捷克）海因策道夫村的一个贫寒的农民家庭，父亲和母亲都是园艺家。孟德尔童年时就受到园艺学和农学知识的熏陶，对植物的生长和开花非常感兴趣。

1843 年，孟德尔从维也纳大学毕业后，进入布隆城奥古斯汀修道院，并在当地教会办的一所中学教书，教的是自然科学。后来，孟德尔又到维也纳大学深造，受到相当系统和严格的科学教育和训练，也受到杰出科学家多普勒、依汀豪生、恩格尔的影响，为他后来的科学实践打下了坚实的基础。孟德尔经过长期思索认识到，理解那些使遗传性状代代恒定的机制更为重要。

1856 年，孟德尔从维也纳大学回到布鲁恩，进入奥地利莫拉维亚地区布隆（现为捷克的波尔诺）修道院，后来成为这个修道院的院长。

枯燥呆板的修道院生活并没有消磨孟德尔追求科学真理的顽强意志。他从许多种子商那里弄来了 34 个品种的豌豆，从中挑选出 22 个品种，在自己任院长的修道院里做起了许多异想天开的植物实验。在寂静的修道院里，有一片菜地。孟德尔在这片菜地上种了 22 个特征各异的豌豆品系，并从中挑出 7 对性状进行杂交实验，其中包括植株大小、花的颜色、种子是否皱缩等。

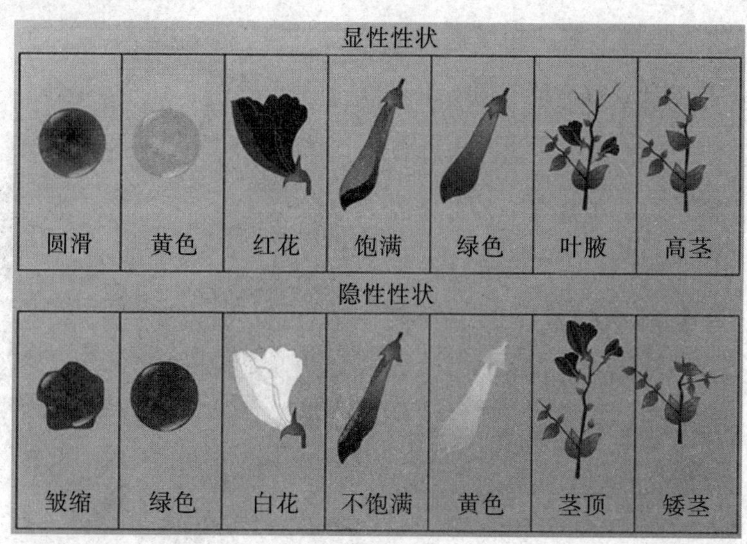

豌豆的 7 对相对性状

实验起始是选择每个性状纯合的植株，就是说，那些经过传代依然保持原有性状的植株。他用性状相对的植株杂交，如用高茎豌豆纯合子与矮茎豌豆纯合子杂交，当种下的种子长成植株时，孟德尔就能够从杂合子中看到性状的遗传方式。在每个实验中，并不存在融合现象，杂合子仅表现两种杂交性状中的一种。纯种高茎豌豆和纯种矮茎豌豆杂交的后代全部是高茎豌豆，从不出现中等高度的融合性状，然后将杂合子自交，种子成长为植株，依然没有融合现象，但在第一代杂合子中，消失了的性状以1/4的比例出现在第二代杂合子中。平均算起来，每出现3个高茎植株就有一个矮茎植株。

孟德尔的豌豆花色与植株高矮的杂交实验也很有名。四个品系，一种植株高大，一种植株矮小，都开着素净的白花；一种植株高大，一种植株矮小，却开着鲜艳的红花。他有意识地用这四种豌豆及其他豌豆品系做杂交实验。

孟德尔坚持不懈地用了整整8年时间，细致地观察他种下的一季又一季杂交豌豆的种种变化。通过观察和精密的实验，他发现一种奇异的现象。用四种不同品系的豌豆进行各种组合杂交产生的后代，在种子形状和颜色、豆荚的形状以及子叶的色泽等特征上存在一定的比例规律。比如，单以红花、白花这一对性状为例，纯种红花与纯种白花杂交所产生的后代全开红花；纯种白花与杂种红花杂交所产生的后代一半开红花，一半开白花；杂种红花与杂种红花杂交所产生的后代，四分之三开红花，四分之一开白花。

孟德尔

这种规律说明什么问题呢？孟德尔苦苦地思索着，运算着。经过严密的数学运算、逻辑推理，他竟然找到了解开成百上千位科学家苦苦探求、百思不得其解的生命之谜和遗传之谜的第一把钥匙。

他证明了动人心魄的生命之歌原来是由生物体内的一群“演员”弹奏出来的，生物体内的“红花演员”发出信号，使豌豆开出红花，“白花演员”发出信号，使豌豆开出白花。生命之歌是一曲十分复杂的交响乐，“演员”队伍十分庞大。比如，演出一个人的生命之歌的交响乐团至少有两百万个“演员”。这个庞大的乐团按一定的乐谱有规律地、有条不紊地弹奏着。生命之歌的乐谱很复杂，很难读懂，犹如一部“天书”。不过，“天书”再复杂，也不是无门可入。孟德尔根据他的豌豆杂交实验，努力地去读这部有关生命的“天书”，竟然找到了进入生命“天书”藏书殿堂的第一把钥匙，发现了开启藏书殿堂的两种规律：分离规律和自由组合规律。这是一个多么了不起的发现，这是一件多么伟大的功勋！

孟德尔进行植物杂交实验

正确选用实验材料是孟德尔实验获得成功的关键因素之一。他选择的实验材料豌豆是严格的闭花传粉植物，在花开之前即完成受粉过程，避免了外来花粉的干扰。豌豆具有一些稳定的、容易区分的性状，所得实验结果可靠。他应用统计学方法分析实验结果，数学基础牢靠。同时，孟德尔采用了从单因子到多因子的研究方法。对生物性状进行分析时，孟德尔开始只对一对性状的遗传情况进行研究，暂时忽略其他性状，明确一对性状的遗传情况后再进行两对、三对甚至更多对性状的研究。合理设计实验程序，如设计测交实验来验证对性状分离的推测，也是孟德尔实验获得成功的因素之一。

孟德尔揭示遗传基本规律的过程表明，任何一项科学研究成果的取得，不仅需要坚忍的意志和持之以恒的探索精神，还需要严谨求实的科学态度和正确的研究方法。

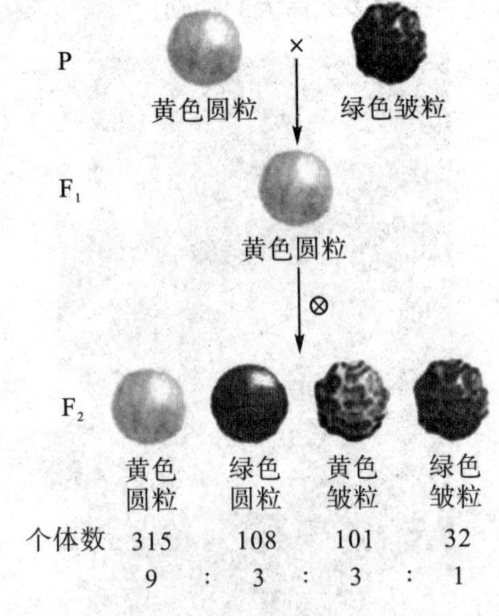

黄色圆粒豌豆和绿色皱粒豌豆的杂交实验

孟德尔进行豌豆杂交实验时，达尔文进化论刚刚问世。他仔细研读了达尔文的著作，从中吸收丰富的营养。保存至今的孟德尔遗物中有好几本达尔文的著作，上面还留着孟德尔的手批，足见他对达尔文及其著作的关注。

起初，孟德尔的豌豆杂交实验并不是有意为探索遗传规律而进行的。他的初衷是希望获得优良品种，只是在实验过程中，他逐步把重点转向了探索遗传规律。他清楚自己的发现所具有的划时代意义，但他还是慎重地重复实验了多年，以期臻于完善。1865 年，孟德尔在布鲁恩自然科学协会上，将自己的研究成果分两次宣读。第一次，与会者礼貌而兴致勃勃地听完报告，孟德尔只简单地介绍了实验的目的、方法和过程，为时 1 小时的报告使听众如坠云雾中。第二次，孟德尔着重根据实验数据进行了深入的理论证明。可是，伟大的孟德尔的思维和实验太超前了，而且孟德尔论文的表达方式是全新的，他把生物学和统计学、数学结合起来，使得同时代的博物学家很难理解论文的真正含义。所以，尽管与会者绝大多数是布鲁恩自然科学协会的会员，其中既有化学家、地质学家，也有生物学专业的植物学家、藻类学家，然而，听众对连篇累牍的数字和繁复枯燥的论证毫无兴趣。他们实在跟不上孟德尔的思维。孟德尔用心血浇灌的豌豆所告诉他的秘密，时人不能与之共识，一直被埋没了 35 年之久。

孟德尔的实验结果于 1865 年发表在当地博物学协会的杂志上。他不仅没有从科学团体中获得任何支持，而且教会对他也相当失望。他为了防止奥地利政府对修道院征税进行了不懈的努力，并因此而心力交瘁，于 1884 年去世。孟德尔临终前说："等着瞧吧，我的时代总有一天要来临。"

1900 年，荷兰阿姆斯特丹大学狄・弗里斯、奥地利维也纳农业大学丘歇马克和德国图宾根大学柯伦斯分别重新发现了孟德尔的遗传规律，是遗传学学科建立的标志。

1900 年 3 月 26 日，狄・弗里斯的论文《杂种分离法则》发表在《德国植物学会杂志》和法国科学院《纪事录》上。他曾从《植物育种》中查到孟德尔的工作。他在德文版中提到了孟德尔的工作，但在法文版中只字未提。

1900年4月21日，柯伦斯阅读狄·弗里斯法文版的论文，发现其结论和自己的实验结果相同，尽管文中未提到孟德尔，但柯伦斯已从老师处知道了孟德尔的工作，于是他撰写了《杂种后代表现方式的孟德尔法则》一文，1900年4月24日发表在《德国植物学会杂志》上。

丘歇马克在做豌豆杂交实验时，发现了分离现象，撰写了《关于豌豆的人工杂交》论文，清样出来后，他读到了狄·弗里斯和柯伦斯的论文，于是急忙投寄论文摘要，于1900年6月24日发表在《德国植物学会杂志》上。

三个人的工作成果都发表在《德国植物学会杂志》上，都证实了孟德尔法则，他们为此获得了1900年度的诺贝尔生理学或医学奖。1900年成为遗传学史乃至生物科学史上划时代的一年。从此，遗传学进入了孟德尔时代。

新达尔文主义者以孟德尔学说为武器，产生了越来越大的影响力。1901年，狄·弗里斯提出“突变论”，认为非连续变异的突变可以形成新种，成种过程无须达尔文式的许多连续微小变异的积累。

狄·弗里斯坚持认为，他并没有打算挑战达尔文理论的整体框架，仅仅是将它换了一个形式。当然，他沉重地打击了达尔文主义生物统计学派的选择理论，他宣称只有突变才能产生有意义的遗传性改变。个体变异的自然选择是无力的。这意味着无须去假定一个物种的所有性状都有适应的价值，因为突变性状是由种质中的随机改变产生的。

但是，狄·弗里斯宣称，作为一名出色的达尔文主义者，他所依据的基础是愿意承认自然选择在较高级的水平发挥作用，突变则包含在其中。在突变阶段，一个物种中将会有大量新变种产生，其中绝大部分都是非适应性的。这些变异品种之间将竞争有限的食物和空间，较弱的品种会因此而灭绝。突变迟早会创造出一个比亲代更适应现存条件的变种，它将淘汰其他所有竞争对手。从长远角度看，适应确实决定了进化的进程。

1909 年，丹麦生物学家约翰逊发表“纯系学说”，首次提出基因型和表现型的概念，将孟德尔的遗传因子称作“基因”，并一直沿用至今。

在英国，最著名的孟德尔学说支持者是贝特森，他起初是一个形态学家，后来转而热心地进行遗传实验的研究，希望这个新方向能够剔除达尔文主义中的臆想成分。弗朗西斯·高尔顿和美国生物学家布鲁克斯的工作使他确信，进化是突然发生的，不连续变异远比连续变异更有意义。1894 年，他在《变异的研究材料》中强调，不连续变异的性状远比达尔文主义者承认的多。

贝特森想弄清不连续因子是如何遗传的，于是他自己做杂交实验。贝特森第一个发表了孟德尔文章的英译文，并将孟德尔学说视为彻底改革整个遗传学的关键。

弗莱明发现染色体

▶导言

孟德尔只是告诉人们，生物体内存在着一群生命之歌和遗传之歌“演奏者”。可是，孟德尔的遗传因子是什么？这些像精灵一样虚无缥缈的“演奏者”在生物体内的哪个部位呢？

1879年，德国生物学家弗莱明用细胞切片染色法经显微镜观察，发现了细胞中用碱性苯胺染料可让透明的细胞核内的微粒物质染色，从而观察细胞分裂全过程，并得出结论：“细胞分裂时染色体准确均等地分装和分配。”

弗莱明用这种方法看到了细胞分裂的全过程：微粒状的染色质先聚集成丝状，再分成数目相同的两半，形成两个细胞核，生成两个细胞。因此，弗莱明把细胞分裂叫作有丝分裂。

1888年，因为细胞核内散布着的这些微粒很容易着色，德国生物学家瓦尔德尔称聚集的染色质为“染色体”，一直沿用至今。

人们还发现，每种动植物的细胞里都有特定数目的染色体。在细胞分裂之前，染色体数目先增加一倍，因而有丝分裂后的子细胞具有同母细胞数目一样多的染色体；生殖细胞经过减数分裂，每个精细胞和卵细胞的染色体数目都只有体细胞的一半。

科学家们对染色体产生了浓厚的兴趣,100 多年来,成千上万的科学家通过艰苦的探索,逐步认识到它是一种遗传物质,上面承载着生物体的第一遗传密码体系和第二遗传密码体系。关于对染色体的漫长认识过程,我们将在本丛书中陆续涉及。在这里,我们仅将染色体的结构予以简介。

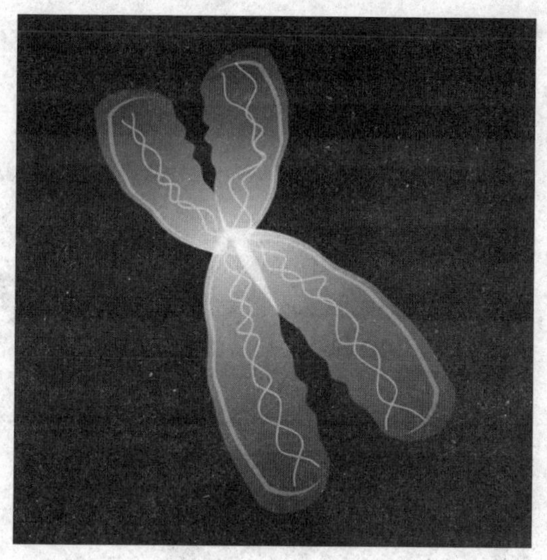

染色体

染色体由 DNA 和蛋白质两大类物质组成,其直径仅有 10 纳米,但却很长,其中双螺旋状的 DNA 分子犹如一根绳子,蛋白质犹如一颗颗珠子,DNA 缠绕在蛋白质上,呈现一种"绳珠结构"。"绳珠结构"中的蛋白质主要是一类低分子量的碱性蛋白,即组蛋白,另一类是酸性蛋白,即非组蛋白。非组蛋白的种类和含量不十分恒定,而组蛋白的种类和含量都很恒定,其含量大致与 DNA 相等。

由 DNA 和组蛋白高度螺旋化的纤维所组成的染色体有四级结构。第一级结构是由核小体构成的串珠。核小体的核心是由 4 种组蛋白各两个分子构成的扁球状8聚体。一条染色体上唯一一个双螺旋DNA分子依次在每个组蛋白8聚体分子的表面盘绕约1.75圈,其长度相当于140个碱基对。组蛋白8聚体与其表面盘绕的DNA分子共同构成核小体。在相邻的两个核小体之间,有长50～60个碱基对的DNA连接线。在相邻的连接线之间结合着一个第5种组蛋白分子。密集成串的核小体形成了核质中10纳米左右的纤维,这就是染色体的“一级绳珠式结构”。在这里,DNA分子第一次被压缩了1/7。

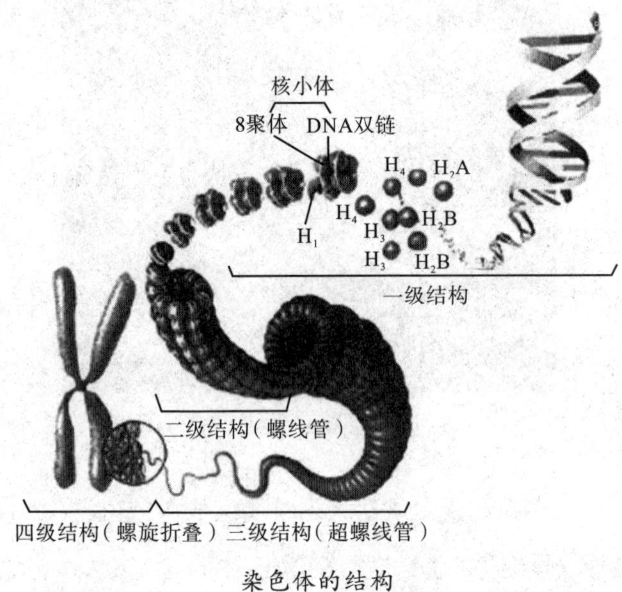

染色体的结构

染色体的一级结构经螺旋化形成中空的螺线管,其外径约30纳米,内径约10纳米,相邻螺旋间距为11纳米,形成染色体的二级结构。螺线管的每一周螺旋包括6个核小体,因此DNA的长度在这个等级上又被压缩了1/6。

30纳米左右的螺线管进一步螺旋化,形成直径为0.4微米的筒状体,称为超螺线管。这就是染色体的“三级结构”。到这里,DNA又被压缩了 1/40。超螺线管进一步折叠盘绕后，形成染色体的“四级结构”——染色单体。两条染色单体组成一条染色体。到这里，DNA 的长度又被压缩了 1/5。从染色体的一级结构到四级结构，DNA 分子一共被压缩了 1/8400。例如，人的染色体中 DNA 分子伸展开来的长度为几厘米，而染色体被压缩后长度只有几纳米。

每一物种都有特定的染色体，其数目及形态特征一般情况下都是相当稳定的，人体细胞染色体共有 46 条，可配成 23 对，其中 22 对为常染色体，男、女都一样；另 1 对为性染色体，男、女的性染色体有差别，女性的性染色体为两个大小形状相同的 X 染色体，男性的性染色体只有一条 X 染色体，还有一条较小的 Y 染色体。性染色体是决定性别的物质基础，人体细胞每一对成双的染色体叫作同源染色体，其中一条来自父亲，一条来自母亲。

在细胞有丝分裂间期，DNA 解螺旋形成无限伸展的细丝，此时不易为染料所着色，光镜下呈无定形物质，被称为染色质。染色质的基本化学成分为 DNA、组蛋白、非组蛋白和少量 RNA。

摩尔根发现“基因”的住所

▶导言

科学实验中，实验材料的选择至关重要。选对了材料，实验就成功了一半。诺贝尔奖获得者摩尔根，就是因为选择了一种不惹人注目的果蝇作为研究材料，才取得重大成果的。

20世纪初，美国的科学家摩尔根醉心于研究果树上的苍蝇。有人对他的行为很不理解，连篇累牍地写文章批评他。是啊，世界上有那么多重要的生物你不去研究，为什么偏偏要研究这不惹人注目的果蝇呢?

摩尔根

殊不知，摩尔根在用毕生的精力研究了果蝇的生活之后，竟然找到了打开生命和遗传迷宫之门的第二把钥匙。他在孟德尔、约翰逊、贝特森和其他一些科学家工作的基础上，通过果蝇杂交实验，发现那些生命之歌和遗传之歌的神秘“演奏者”，也就是被科学家们称为“基因”的东西，就住在散布在细胞核里的那些微粒——染色体上。他把自己的发现写在1926年发表的名著《基因学说》上。“基因”这种虚无缥缈的精灵终于被找到了，这是生命探索者的又一次伟大胜利。

果蝇作为实验材料，有何优越性？果蝇，又称黄果蝇，是一种不起眼的小型蝇类，成天“嗡嗡”地围着烂水果飞舞，成群结队，不招而来，挥之不去。1909年，摩尔根教授在纽约哥伦比亚大学建立遗传学实验室时，独具慧眼，选择了貌不惊人的果蝇作为实验动物，导致了伟大的科学发现，使果蝇扬名天下，名垂千古。摩尔根之所以选择果蝇作为实验材料，是因为果蝇饲养成本低，一点儿捣碎发酵的香蕉便能使果蝇大饱口福，生儿育女。果蝇的个子小，饲养繁殖的容器不用多大，一个牛奶瓶就能装下几百只果蝇。在摩尔根不到60平方米的果蝇实验室里，高峰时曾经同时饲养过几百万只果蝇。低成本的实验材料，对于经费拮据的摩尔根来说是至关重要的。果蝇的繁殖力强，15天内便能三世同堂，这对缩短实验周期十分有利。摩尔根在18年间，繁殖了15000代果蝇的子子孙孙，要是用人来作为实验对象，繁殖这么多代子孙，至少得用30万年。果蝇作为一种遗传学的实验材料，还有一些学术研究上的优点。可以说，选好一种实验材料，研究便成功了一半，这是科学家取得成功的秘诀之一。

摩尔根和他的“蝇室集团军”利用果蝇这种绝佳的实验材料，开始了寻找生命之歌的演员——基因的下落。你看，研究室的窗台上放满了装有发酵的香蕉碎块的牛奶瓶，实验桌上、书架上、柜子里、柜顶上、墙脚下、椅子旁，到处放着饲养有果蝇的瓶瓶罐罐。在这间不到60平方米的房间里，到处弥漫着似香非香带有腐臭酸味的难闻气味。这些让人厌恶的气味却讨生性“逐臭”的蝇类的喜爱。蝇室里充斥着各种蝇子的“嗡嗡”声，除果蝇以外，那些并不受欢迎的红头蝇、醋蝇、麻蝇在蝇室里飞来飞去，驱之不去。为了诱捕这些杂蝇和从牛奶瓶中逃逸出来的果蝇，科学家们在研究室的窗户上，高高低低地挂着剥开的香蕉，让它们自投罗网。

摩尔根和“蝇室集团军”的大将们，就是在这样的环境中，聚精会神地工作着。他们根据设计好的实验方案，用射线照射果蝇、给果蝇喷灌化学药剂等，然后让它们繁殖后代，观察后代的眼睛颜色、翅膀形状等有无变化，并思考为什么果蝇经过强刺激后，会发生各种特性的变化，再通过数字统计，看这些变化有无规律可循。他们观察果蝇的儿孙与它们的爸爸妈妈有什么相同之处，有什么不同之处，并思考为什么相同，为什么不同。这样的实验做来做去，一做就是 18 年。

在这 18 年中，探索生命之谜和遗传之谜的统帅摩尔根和他的大将斯特蒂文特、布里奇斯、穆勒、威尔逊、佩恩、舒尔茨、莫尔、斯特恩等，不断有震惊世界的发现，摩尔根、穆勒等并为此获得不同年度的诺贝尔奖。他们最重大的发现是找到了生命之歌的演员——基因的下落。原来，它们居住在细胞核中一个名叫染色体的地方。孟德尔只在生命活动中看到了这些演员活动的蛛丝马迹，并不知晓这些演员的出生地、居所和相貌，从而使这些似乎只在理论上存在的演员，在世人眼中只是一群虚无缥缈的精灵，很难让常人相信它们的存在。摩尔根和他的大将们用千万次重复的果蝇实验，以不可辩驳的事实，证明了生命之歌的演员——基因居住在染色体里。摩尔根找到了进入宏大的生命“天书”藏书殿堂的第二把钥匙。

艾弗里发现核酸是基因的“公寓”

导言

科学发现是由表及里层层剥笋的过程，只有坚持不懈地在前人研究的基础上思考更深层次的问题，不断问“为什么”，才能有新的发现。艾弗里不满足于基因在染色体中这一笼统的结论，追问基因住在染色体的哪个“公寓”，果然有了重大发现。

虽然摩尔根找到了那一群神秘的“演奏者”的下落，但是，探索生命奥秘的战斗还远远没有结束。染色体是由核酸和蛋白质两种物质组成的，那么，核酸和蛋白质，到底谁是生命之歌的演奏者——基因的“公寓”呢？

人们最先把注意力集中到蛋白质上，蛋白质的种类很多，在生命体中几乎到处可以看到它们的踪迹。例如，蜘蛛吐的丝是由纤维蛋白组成的；鱼的鳞和飞禽的羽毛，都含有角质蛋白；动物的血液中存在着血红蛋白；人体的抗体、激素和神经中，也含有蛋白质；在生物体的每一项活动中，起催化作用的酶也是蛋白质。生物体的一举一动，似乎都是依赖蛋白质来完成的。

科学家们以为生命的秘密藏在蛋白质里，那个神秘的演奏者一定就“住”在蛋白质里。成百上千的科学家投入到对蛋白质的研究中，企图从蛋白质身上揭开生命之谜和遗传之谜。这些研究工作取得了很大的成绩，但是，科学家们却不能证实基因就藏在蛋白质里。

一些研究工作者决定另辟蹊径，他们关心起组成染色体的另一类物质——核酸来。核酸在生物体中广泛存在，所有的动物、植物、微生物和病毒中都含有核酸。可是，核酸被发现后却在很长一段时间没有引起科学家的重视。直到1944年，一位名叫艾弗里的美国科学家在研究肺炎双球菌的时候，证实了核酸在遗传中的关键作用后，核酸才引起了全世界科学家的关注。

核酸——基因的“公寓”

艾弗里注意到1928年英国医生格里菲思发现的一件令人惊奇的事实。格里菲思医生将一种有毒的肺炎双球菌杀死，同一种无毒的肺炎双球菌混在一起，注射到小白鼠身上，结果已经杀死的有毒肺炎双球菌复活了，使小白鼠致死。艾弗里通过精密的实验，证实了使死菌复活的物质不是蛋白质，而是核酸。生命的最大秘密隐藏在核酸中，核酸是基因的载体。艾弗里和他的同事们找到了打开生命迷宫之门的第三把钥匙，这是一个了不起的贡献。

生物的遗传物质被证明是脱氧核糖核酸，这称得上是20世纪最重大的科学发现之一，但是其发现者艾弗里却没有因此获得诺贝尔生理学或医学奖。从艾弗里1944年宣布其重大发现，到1955年他以78岁的高龄逝世，诺贝尔颁奖委员会有10年的时间考虑，为什么没有选择艾弗里？这是诺贝尔奖历史上最大的遗憾。

艾弗里证明了生物的遗传物质是DNA，这个结果完全是意想不到的，在此之前人们甚至不知道细菌也有DNA，以为DNA只是真核生物的特征。当时人们普遍相信只有结构非常复杂的蛋白质才有可能是遗传物质。

艾弗里

人们猜想，既然基因能够控制那么多、那么复杂的生物性状，构成基因的遗传物质也一定是一种非常复杂、非常多样的化学物质，蛋白质恰好是结构最复杂、最多样的，相比之下，DNA就太简单了。因此，很多人都不愿承认艾弗里的实验结果。艾弗里又是一位非常谦虚、低调、内向的科学家，不热衷于介绍自己的工作成果，即使受学术会议邀请去做演讲，他往往也是让年轻的同事代劳。1945 年，英国皇家学会授予艾弗里在科学界有着很高荣誉的普利策奖章，他却懒得前往英国接受，而由学会会长把奖章送到他在纽约的实验室。所以，很难想象这样的人会去斯德哥尔摩做演讲介绍自己的研究结果。当时担任诺贝尔奖评委的医学教授大部分都不做基础研究，对生物医学的进展很不熟悉，便把艾弗里忽略了。艾弗里自己也不去争取，他对得不得诺贝尔奖并不在意，是一位同达尔文一样“热爱真理，轻视名誉”的科学家。

物理学家薛定谔在发现遗传密码上的贡献

导言

人们往往鄙视“圈外”人士的意见，殊不知，“旁观者清”，有时“外行”能从独特的角度，解决“圈内”人士百思不得其解的难题。遗传密码的发现，就是从一位生物学的“外行”，量子力学的奠基人之一——薛定谔的预言开始的。

在一些科学家寻找基因下落的时候，还有一些科学家在探索另一个问题：生命之歌的乐谱是什么样的？音乐家们凭着七个音符创作出那么多动人的乐曲，那么，生命之歌同音乐家谱写的交响乐是否有某些共同的地方呢？科学家们思索着、实践着。

薛定谔

最先企图回答这个问题的是一位生物学的“外行”，奥地利著名的物理学家、量子力学的奠基人之一薛定谔。

第二次世界大战中,他从奥地利流亡到英国,坎坷的生活并没有使他中断科学研究。他用一双善于观察微观世界的慧眼,观察了千姿百态的生物界。他对生物界的遗传现象有着浓厚的兴趣。生命体一代接一代地复制着自己的模型,培育出忠实于自己形象的新的生命体,这种复制过程是那么精确,就像工厂里的工人按照工程师设计绘制的蓝图制造机器一样。复制生命的工程师遵循着一种什么样的规律在设计生命的蓝图呢?这种规律能不能为人类认识呢?

薛定谔想到了电报。1844 年 5 月 24 日,在美国华盛顿国家大厦的联邦法院会议厅里,人们低声地交谈着,兴奋而又焦急地等待着奇迹的出现。物理学家莫尔斯万分激动,他用颤抖的手揿动着发报机的按键,把自己发明的用"点点,线线"等符号组成的电文,发往 60 千米外的巴尔的摩城。那里的收报机收到了莫尔斯的电码,按莫尔斯编制的电码本翻译出了电文。世界上第一份载着文明信息的电报诞生了。以后,电报被广泛应用在生活上和军事上。在军事上,为了保密,人们编制了形形色色的密码电报。发报机里的长、短两种声音,竟然能够传递人们复杂的思想,这比音乐家用七个音符写乐谱还要简捷得多。

在生物界,是否也是用某种我们至今还没有破译的密码传递生命设计者的信息呢?薛定谔在《生命是什么》一书中做了大胆的预言:"遗传物质有如莫尔斯电码的点和线那样,可取几种不同的状态,像用莫尔斯电码可以记述所有的语言那样,状态变化的顺序大概是表示生命的密码文。生命的密码被复制,并像复制一样正确无误地传递给子孙。"

这一新颖的假设,究竟是一位伟人对自己陌生领域的无知妄言,还是投射出生物学的一丝曙光?科学家们思索着、实验着,久久没有给出回答。

比德尔发现基因和酶的关系

▶导言

重复实验和理性思维是取得科学发现的两个基本方法。当反复实验都会得到相同的奇异结论时，就要用严密的逻辑思维来思考因果关系，从而得出符合逻辑的结论。比德尔在创立“一个基因一个酶”的理论时，就是通过重复实验和理性思维取得了成果。

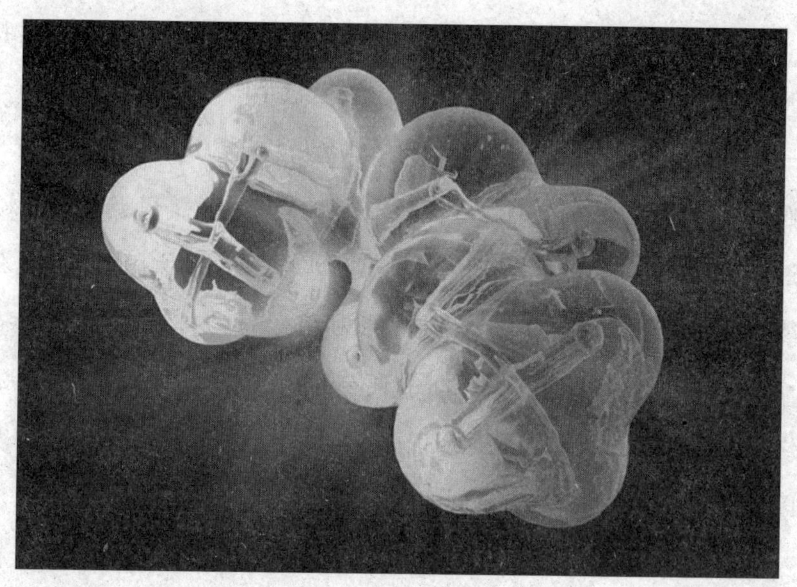

酶

生物学家要解开“种瓜得瓜，种豆得豆”之谜，一个重要的前提是要搞清楚生命之歌的演奏者们在用什么办法弹奏生命交响曲，我们是怎样长出眼睛、鼻子、耳朵来的？科学家们在研究蛋白质的过程中，发现了一种特殊的蛋白质——酶。酶有着非凡的本领。我们吃饭的时候，食物被消化成能为人体吸收的物质，主要靠酶的作用。我们的口腔里、肠胃中含有大量的淀粉酶、脂肪酶、蛋白酶。在口腔里，经过唾液淀粉酶的作用，将食物中的淀粉分解为麦芽糖；在胃里，经过胃蛋白酶的作用，将蛋白质分解为分子较小的蛋白胨、多肽和少量的氨基酸；在小肠中，通过胰酶、胆汁和小肠液中各种酶的共同作用，将未经消化的米饭、肉和其他食物中的营养成分分解为各种能为身体吸收的小分子化合物。这些小分子化合物被肠黏膜吸收，随着血液循环流到全身。营养物质在身体内经过各种酶的作用，或者转化为我们的眼睛、鼻子、心脏、肺、肾和四肢，或者从中放出能量，使我们的心脏跳动、肺呼吸，供我们参加劳动，攀登高山，遨游水中。

动物和植物的生命活动也是如此。牛吃了草，草在牛消化器官里特有的纤维素酶的作用下，分解成小分子的糖，被牛吸收后进入体内，再经过一系列酶的作用，变成了牛奶、牛肉。绿色植物在灿烂的阳光下进行光合作用，靠的也是酶。它们将大气中的二氧化碳和从土壤里吸收来的水，通过一系列酶和阳光的共同作用，化合成碳水化合物，将太阳能转化为化学能储藏起来，供大多数生物特别是动物利用。

不同的生物，由于拥有不同的酶，便有不同的身体结构，不同的本领。人之所以没有鸟的翅膀，植物之所以固定在一个地方不能说话不能动，都是因为人、鸟、植物体内具有不同的酶。

可是，为什么人、鸟、植物体内具有不同的酶呢？这又要回到那个神秘的生命之歌的演奏者基因身上了，孟德尔证明了生物体内存在着这么一群“遗传因子”，摩尔根证实了这些“基因”藏在细胞核内的染色体上，艾弗里进一步证实了核酸是基因的载体。那么,核酸和酶之间是什么关系呢？基因和酶之间是什么关系呢？这成了解开生命之谜的一个十分重要的问题。

核酸

美国科学家比德尔和他的同事们回答了这个问题。在第二次世界大战中,美国本土没有战火弥漫,科学家们得以继续进行他们心爱的研究工作。1941 年,在美国加利福尼亚理工学院的实验室里,比德尔在研究红色面包霉的时候,证实了基因同酶的关系。霉菌是人们常见的一种微生物,它们结构简单,生命力旺盛,很多是人类的朋友,像我们日常吃的豆腐乳、豆瓣酱,就是一些有益的霉菌为我们制造的。比德尔用 X 射线照射一种普通的红色面包霉时,发现霉菌停止了生长。而当他加入一些特定的氨基酸的时候,这种霉菌又蓬勃地生长起来。他经过很多次重复实验,都得到了相同的结果。这是什么原因呢？比德尔凝视着透明的培养液中的红色霉菌,久久地思索着。通过思索和进一步的观察分析,他发现,X

射线使霉菌的染色体遭到了某种程度的破坏，以致霉菌不能产生一种酶。由于缺少这种酶，所以不能产生那种特定的氨基酸。这种氨基酸又是霉菌生长不可缺少的物质，霉菌的生长自然就停止了。比德尔根据这一实验，提出了著名的“一个基因一个酶”的学说。也就是说，位于染色体上的生命交响乐大乐队中的每一个演奏者——基因，管理着一种酶的形成，决定着生物的一个生命活动。

比德尔的实验和艾弗里的工作共同找到了打开生命迷宫之门的另一把钥匙：位于染色体上的核酸是一张生命蓝图，是一张记录演奏生命交响乐的乐谱，同时，它还是一个演奏生命之歌的大型交响乐团。交响乐团的每一个称为基因的“演员”根据乐谱弹奏出自己的那一部分曲子，从而产生一种酶，决定着一种生命活动。他们的研究为分子遗传学的诞生奠定了基础，比德尔为此获得了 1958 年的诺贝尔生理学或医学奖。

沃森和克里克发现DNA的双螺旋结构

▶导言

遗传信息载体DNA结构的重大发现，就是生物学和物理学交叉，生物学家和物理学家合作的结果。

核酸分子只有头发丝的四万分之一那么小。这么个小不点儿，何以能够指令如此复杂的生命活动呢？如果不把核酸分子的结构弄清楚，前面那些科学家的一系列理论就很难站住脚。然而，纵使在电子显微镜下，核酸都不肯露出它那神秘的面容。科学家们为了揭开核酸结构的秘密，整整徘徊了10年。

核酸模型

1928年4月6日，詹姆斯·杜威·沃森出生在美国芝加哥伊利诺斯的一个圣公会教徒家庭，是詹姆斯家族的长子。

在沃森家里，书籍和知识占据非常重要的位置。大部分书来自旧书店，较新的书来自“每月读书俱乐部”。每周末沃森的父亲都会带领儿子们步行 1.5 千米去公共图书馆，阅读各种图书，而且每次都带回很多书供下周品读。父亲崇尚有思想的人，喜欢各类哲学书籍，而沃森从中挑出自己喜欢的科学类书籍来读。

1943 年，沃森提前两年中学毕业，进入芝加哥大学，并非因为他特别聪明，而是在很大程度上归功于他的母亲乔安娜。乔安娜发现芝加哥大学校长罗伯特·哈金斯正在进行一项教育改革，她为沃森填写了奖学金申请表，并支付每天 6 美分的车费，沃森才如愿进入大学学习动物学。在芝加哥大学的最初两年，沃森并没有显露出在科学方面的天赋。但在此期间他有机会聆听当时世界上最优秀的基因学家斯沃尔·莱特的讲课，他是沃森崇拜的第一个科学英雄。基因的概念融入他的大脑，使他做出了一生中最重要的决定，要把基因的研究作为一生的主要研究目标。

1947 年，沃森从芝加哥大学毕业并获得理学学士之后，在芝加哥大学人类遗传学家斯兰德斯可夫的推荐下，印第安纳州立大学给沃森提供了一份月薪 900 美元的研究工作，他开始用 X 射线研究噬菌体，三年之后他在那里获得动物学博士学位。

1916 年 6 月 8 日，克里克出生在英国北安普敦的一个中产阶级家庭。上大学期间，克里克主修物理学，辅修数学，并没有学到多少前沿物理知识，而且同沃森一样，克里克的成绩平平，并未见过人之处。1937 年，他从伦敦大学毕业后继续攻读物理博士。

1939 年二战爆发之后，克里克在英国海军总部实验室工作了 8 年。二战结束后，经过选择和思考，克里克受到薛定谔《生命是什么》这本名著的影响，很快找到了感兴趣的研究方向：一是生命与非生命的界限，二是脑的作用。

1947 年，克里克在剑桥大学工作两年之后转到以结晶技术研究巨分子结构著称的剑桥大学医学研究中心实验室，在那里，他对X光衍射模式的解释产生了浓厚的兴趣。

1951年，沃森来到剑桥大学卡文迪许实验室学习X射线衍射法新技术，结识了克里克，他们开始合作研究DNA。当时，23岁的沃森和35岁的克里克并不是资深的生物学专家，在DNA分子结构探索方面他们还有两个强有力的竞争小组：一个是伦敦大学的威尔金斯和他的助手富兰克林，另一个是美国加州理工学院的化学家鲍林。威尔金斯和富兰克林根据X射线衍射研究，已经知道了DNA分子由许多亚单位堆积而成，而且DNA分子是长链的多聚体，其直径保持恒定不变。鲍林通过对蛋白质α-螺旋的研究，认为大多数已知蛋白质中的多肽链会自动卷曲成螺旋状。

沃森和克里克采用构建模型的方法来分析DNA分子的结构，即先根据理论建立模型，再用X射线衍射来检验模型。同时沃森和克里克还最大限度地汲取了威尔金斯和富兰克林、鲍林的研究结果，特别是当他们意外地看到富兰克林所拍摄的一张高清晰的DNA晶体的X射线衍射照片时，很快就领悟到DNA的结构是两条以磷酸脱氧核糖为骨架的链相互缠绕形成的双螺旋结构，氢键把它们连接在一起，从而否定了脱氧核糖核酸的单螺旋和三螺旋模型，提出了正确的双螺旋模型。

原来，核酸很像一把螺旋状的梯子，一级一级的阶梯由A、T、G、C四种碱基组成。核酸的分子量虽然从宏观上看很小，但从微观上看分子量却很大，上面有数量巨大的核苷酸。比如，小小的大肠杆菌的核酸分子就由800万个核苷酸单体组成。人的一个细胞里的核酸分子包含了约58亿个核苷酸单体。

沃森和克里克的研究成果使科学家们兴奋异常，人们可以从分子水平上来揭开生命的秘密了，一门全新的科学——分子生物学诞生了。这是值得人类永远纪念的一项伟大成就。

1953年4月，沃森和克里克在《自然》杂志上发表了不足千字的短文——《核酸的分子结构——脱氧核糖核酸的一个结构模型》，报告了这一改变世界的发现。这篇论文在科学史上竖立了一座永久的里程碑。1962年，沃森、克里克和威尔金斯三人因为在DNA结构方面研究的突出贡献共享了诺贝尔生理学或医学奖。

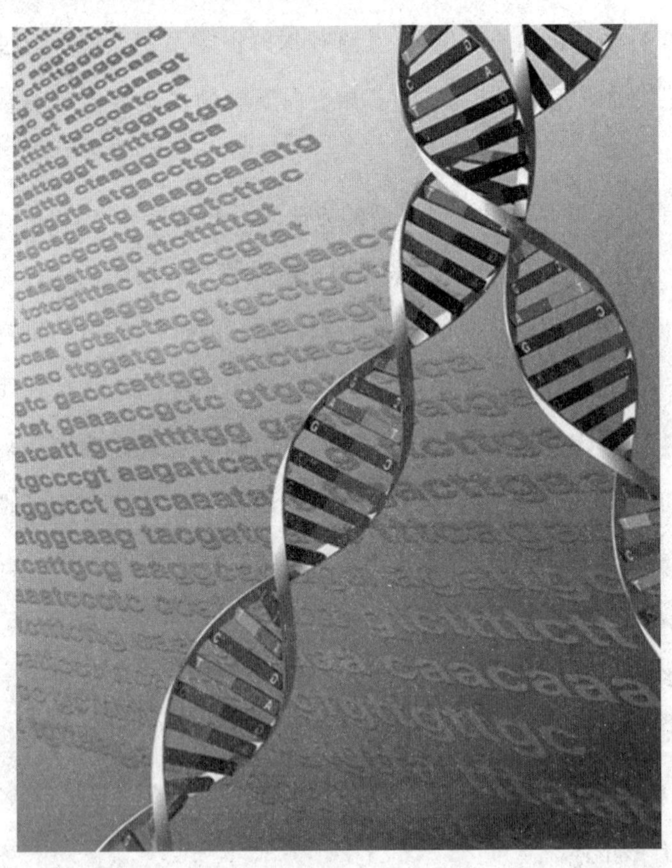

核酸分子

天文学家伽莫夫的遗传密码假说

导言

只提出假说，而不做实验验证，是不能获得诺贝尔奖的，但这并不能否定假说提出者的功劳。天文学家伽莫夫提出的遗传密码假说，在揭开遗传之谜上功不可没，永载史册。伽莫夫遗传密码模型的若干验证者获得了诺贝尔奖。伽莫夫还建立了宇宙大爆炸理论模型，其验证者获得了诺贝尔奖。在这两项伟大发现中，伽莫夫都未获奖，但这一点不能否认伽莫夫为人类做出的伟大贡献。

生物学家和物理学家合作，在探索生命奥秘的战斗中取得了意想不到的收获，这鼓舞了大批生物学外行进行生物学研究。

就在沃森和克里克提出核酸的双螺旋结构模型一年后，美国的天文学家伽莫夫加入生命秘密探索者的行列。伽莫夫在研究沃森和克里克发表在英国《自然》杂志上的论文《核酸的分子结构——脱氧核糖核酸的一个结构模型》以后，开始苦苦地思索这样一个问题：位于核酸分子上的这一张生命蓝图，这一曲生命之歌的乐谱如何识别，遵循一种什么样的规律呢？人们能不能翻译出来，使大家都看得懂，并使人类根据这种规律自行设计生命蓝图，谱写生命之歌新的乐章呢？他注意到了 10 年前薛定谔的预言。他想，螺旋形结构的核酸分子上有数量巨大的核苷酸单体，而这些单体的种类只有四种，这四种核苷酸是否像电报的点点、线线一样，是生命的密码符号呢？于是，他进行了一些简单的数学运算，提出了一个十分大胆的假说。他设想，生命密码是由核酸分子上的四种碱基组成的。A、T、G、C 四种碱基就像电报密码的点、线，长声、短声一样，是一种密码符号。电报由“点点线线，点线点线”等组成四联密码子，而生命的密码是由“ATC、TGA”等组成的三联密码子。这样的三联密码子有 64 个。生命的蓝图就是用这样的三联密码子绘制的，生命之歌的乐谱就是由这 64 个三联音符谱写成的。

1954 年，伽莫夫的假说发表了。伽莫夫的假说是相当简单而完美的。人们简直难以相信，如此错综复杂的生命现象竟可以用这么简单的数字来解释，一个困扰了千百万人的千古之谜，竟如此轻易地被一个生物学外行解开了。

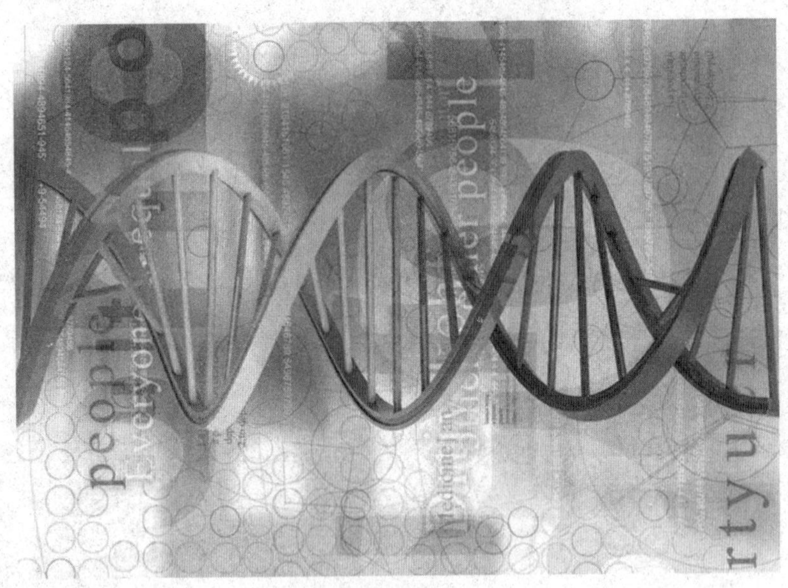

DNA 的双螺旋结构

伽莫夫是美国的物理学家、天文学家，他主要研究核物理学。1940

年，伽莫夫和他的两个学生——拉尔夫·阿尔菲和罗伯特·赫尔曼一道，将相对论引入宇宙学，提出了宇宙大爆炸理论模型。1964 年，美国无线电工程师阿诺·彭齐亚斯和罗伯特·威尔逊偶然中发现了宇宙微波背景辐射，证实了他们的预言。

伽莫夫还是一位杰出的科普作家，他一生出版的 25 部著作中，就有 18 部是科普作品。他的许多科普作品风靡全球，重要的有《宇宙间原子能与人类生活》(1946 年)、《宇宙的产生》(1952 年)、《物理学基础与新领域》(1960 年)、《物理学发展过程》(1961 年)等，《物理世界奇遇记》是他的代表作。由于他在普及科学知识方面所做出的杰出贡献，1956 年，他荣获联合国教科文组织颁发的卡林伽科普奖。

克里克论证伽莫夫的假说

▶导言

不要轻视那些逻辑严密但未被实验证实的假说。伽莫夫的假说就是一个例子。当伽莫夫的假说几乎被遗忘的时候,克里克根据人们对 RNA 的认识,论证了伽莫夫的假说,取得了重大成就。

生物学家们并不是一下子就接受了天文学家伽莫夫关于生命密码的解释的。那时候,生物学家们发现的核酸,只是核酸的一种,简称 DNA。DNA 集中在细胞核里,而蛋白质,包括特殊的蛋白质——酶的合成,是在细胞核外的细胞质里进行的。细胞核和细胞质间隔着一层核膜。也就是说,DNA 住的房间同酶的合成工厂之间隔着一堵墙,而事实证明,DNA 没有穿过这堵墙的能力,那么,DNA 怎么可能跑到隔壁的酶合成工厂去指挥生产呢?事实是如此显而易见,天文学家伽莫夫失去了招架之力,他的假说也在摇篮中奄奄一息。

时间在流逝,伽莫夫的假说逐渐被人们遗忘了。然而,科学的步伐仍在继续前进。又过了三年,美国生物学家奥列金观察一种病毒在大肠杆菌中增殖时,偶然发现了一位奇怪的"客人",这位"客人"的外貌和 DNA 十分相似,但是有点神出鬼没。它一会儿在酶合成工厂里出现,一会儿又失踪了。科学家们对这位不速之客很感兴趣,对它的来龙去脉进行了跟踪追击。经过克里克、雅各布等许多科学家孜孜不倦的努力，人们终于揭开了这位“客人”的“庐山真面目”。原来，这位“客人”是DNA的同胞兄弟，另一种核酸，简称RNA，RNA能够穿越DNA和酶合成工厂中间的那堵墙。

1959年，当伽莫夫的假说几乎被遗忘的时候，克里克根据人们对RNA的认识，论证了伽莫夫的假说。从克里克的论证中，人们对生命现象获得了较为完整的认识。原来，DNA是一张生命的蓝图，一首生命交响乐的乐谱。这张蓝图，这首乐谱，是用密码写成的。RNA是懂得密码含意的工人、演员，它们根据蓝图、乐谱，在酶合成工厂里，合成各种各样的酶。由于这些酶的活动，自然界便演奏出了动人心魄的生命交响乐。

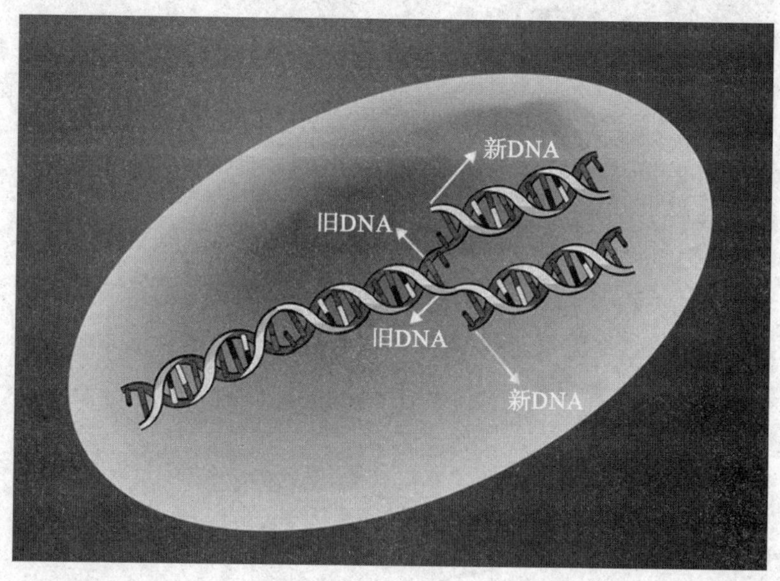

DNA的复制

令人兴奋的是，通过体外实验破译的密码与在大肠杆菌和噬菌体中测出的完全吻合。更令人瞠目结舌的是，从大肠杆菌、噬菌体中测出的密码，竟然与地球上所有的生命体都毫无二致。也就是说，无论是低等的苔藓、地衣，还是高等哺乳动物大象、猩猩，直到人类，都毫无例外地使用着同一种密码。有人把烟草花叶病毒的密码放入大肠杆菌中，大肠杆菌竟能制造出烟草花叶病毒的蛋白质。有人把鸭子血红蛋白的密码放入兔子的红细胞中，兔子体内奇迹般地出现了鸭子的血红蛋白。甚至有人将人体细胞中的某些密码引入老鼠的细胞中，结果在老鼠的细胞中竟然产生了人体细胞里才有的蛋白质。这说明，全世界生物虽然有百万种，但它们都使用一种通用的生命密码。

至此，生命的主要秘密全部被揭开了。原来，生物在繁殖后代时，只不过是将 DNA 上的那张生命施工蓝图复制一张而已。

第五章　挑战达尔文

科学是在争论中不断进步的，从 1859 年 11 月 24 日达尔文的《物种起源》问世至今的 150 多年间，对达尔文的生物进化论核心——自然选择学说的争论就从未停止过，许多科学家以新的科学发现为基础，向达尔文的学说挑战，出现了新达尔文主义、现代达尔文主义、后达尔文主义等。各种达尔文主义的出现，绝不是达尔文主义的终结，更不是生物进化论自然选择学说被推翻，而是达尔文主义在争论中得到补充和完善。

魏斯曼与新达尔文主义

导言

1883年，魏斯曼提出“种质论”，认为生物主管遗传的种质与主管营养的体质是完全分离的，并且不受后者的影响，因而坚决反对“环境影响遗传”的假说。他做了一个著名的实验以反对拉马克主义的获得性遗传：在22个连续世代中切断小鼠的尾巴，直到第23代鼠的尾巴仍不见变短。这个实验虽然粗糙，却影响颇大。

魏斯曼

1834年1月17日，进化生物学家魏斯曼出生于德国法兰克福，他曾任弗赖堡动物学研究所主任和第一动物学教授。科学史家恩斯特·迈尔将他列为19世纪第二个最重要的进化理论家，地位仅次于达尔文。

魏斯曼认为生物体在一生中由于外界环境的影响或器官的用与不用所造成的变化只表现在体质上，而与种质无关，所以后天获得的性状不能遗传。他还认为染色质是由存在于细胞核中的许多遗子集合而成的遗子团。遗子中含有许多粒状物质，称为定子，定子还可再分为更小的单位——生源子，生源子是生命的最小单位。随着个体发育，各个定子渐次分散到适当的细胞中，最后一个细胞含一个定子。生源子能穿过核膜进入细胞质，使定子呈现活跃状态，从而确定该细胞的分化。而种质储积着该生物特有的全部定子，遗传给后代。魏斯曼的“种质论”得到德国动物学家博韦里的关于马副蛔虫受精卵研究结果的支持。

魏斯曼的“种质论”虽然为科学的发展所否定，但他关于遗传是将“定子”传给后代，遗传物质在染色体中的理论，启迪了人们去深入研究遗传物质，从而相继发现了染色体、基因和DNA。

魏斯曼把他的“种质论”与达尔文的自然选择学说整合成一种生物进化论，称为新达尔文主义，这是现代进化论中很有影响的一种学说。

达尔文主义与新达尔文主义都赞成进化论，拥护自然选择学说。达尔文主义与新达尔文主义的区别是：达尔文主义认为连续的、微小的变异积累是自然选择的原料，而新达尔文主义认为种质的“突变”才是自然选择的材料。达尔文主义部分继承了拉马克主义的“用进废退”和“获得性遗传”学说，而新达尔文主义坚决反对拉马克主义。

杜布赞斯基与现代达尔文主义

▶**导言**

新达尔文主义有一个弱点，就是注重个体遗传，而忽视群体行为。在基因论、突变论、群体遗传学与达尔文的自然选择学说基础上发展起来的现代达尔文主义，即现代综合进化论，弥补了新达尔文主义的缺憾。

现代达尔文主义主张，物种形成和生物进化的机制应包括基因突变、自然选择和隔离三个方面。突变是进化的原料，必不可少，它通过自然选择保留并积累那些适应性变异，再通过空间性的地理隔离或遗传性的生殖隔离，阻止各群体间的基因交流，最终形成新物种。

现代达尔文主义承认，由于自然选择保留了许多有害的甚至致死的基因，所以自然选择并非唯一的进化机制，自然界中存在着各种不同的进化机制或模式。

物种演化是种内的群体行为，同一物种基因库内基因的自由交流告诉我们，必须以群体为单位来研究物种的演化。

1908 年，英国数学家哈迪和德国医生温伯格首次分别证明了“哈迪—温伯格定理”，从而建立了群体遗传学理论，后来又经英国学者费希尔、霍尔丹，美国学者赖特的研究而得以发展。

费希尔在《自然选择的遗传理论》中，霍尔丹在《进化的原因》中都充分阐述了自然选择下基因频率变化的数学理论，而且都证明了即使是轻微的选择差异，也会产生进化性变化。

现代达尔文主义主张，共享一个基因库的种群是生物进化的基本单位，因而进化机制研究应属于群体遗传学的范围。综合理论在进化研究方法上明显有别于所有以个体为演变单位的进化学说，其中数理统计方法的应用十分重要。所以，现代达尔文主义又称现代综合进化论。

现代达尔文主义的鼻祖是美国生物学家杜布赞斯基。杜布赞斯基原是苏联人，1921 年毕业于基辅大学，留系工作 3 年后，于 1924 年到彼得格勒大学任教，受到苏联著名遗传学家菲利普琴科、瓦维洛夫和契特维里柯夫等人的影响。1927 年，杜布赞斯基赴美，在哥伦比亚大学摩尔根实验室，同著名的遗传学家、诺贝尔奖获得者摩尔根一起工作，此后一直定居美国，从事遗传学与进化论的研究。

杜布赞斯基

1928 年，杜布赞斯基随摩尔根到加州理工学院任教，曾任加州理工学院、哥伦比亚大学、洛克菲勒大学、加利福尼亚大学等校教授。他把苏联研究自然群体的优良传统与摩尔根小组的遗传分析方法结合起来，以唾腺染色体的倒位变化为标志，系统地研究了多种果蝇群体的多态现象和由地理隔离到生殖隔离的发展过程。上述研究成果被收入《自然群体遗传学丛刊》中。

杜布赞斯基在科学上的最重要贡献是在《遗传学与物种起源》一书中实现了遗传学与自然选择学说的融合，继承和发展了达尔文主义，完成了进化论的现代综合，创立了现代达尔文主义，成为四十多年来占据主导地位的进化学说。此外，他还提出了人类的体质进化和文化进化是两个不同而又相互联系的过程的论点，认为“人类的进化不能理解为一种纯生物学的过程，也不能完全描写成一部文化史。它是生物学和文化史的相互作用。生物学过程和文化过程之间存在着一种反馈”。

杜布赞斯基认为，突变、选择、隔离是物种形成及生物进化中的三个基本环节。他认为，突变是普遍存在的现象，突变不仅能产生大量的等位基因，还可以产生大量的复等位基因，从而大大增加了生物变异的潜能。随机突变一旦发生后就受到选择作用，通过自然选择作用，消除有害的突变基因而保存有利的突变基因，造成基因频率的定向改变，使新的生物基因类型得以形成。群体的基因组成发生改变以后，如果这个群体和其他群体之间能够杂交就不能形成稳定的物种，也就是说，物种的形成还必须通过生殖隔离才能实现。这是他早期提出的综合理论，又称“老综合理论”。

1970 年，杜布赞斯基又发表了他的另一本书《进化过程的遗传学》。在这本书中，他对以上综合理论进行修改，认为在大多数生物中，自然选择都不是单纯地起过筛作用。在杂合状态下，自然选择保留了许多有害的甚至致死的基因，其原因在于自然界存在着各种不同的选择机制或模式。这一思想相对于“老综合理论”成为他的“新综合理论”。

现代达尔文主义的初衷是试图在现代科技条件下对达尔文的进化论做适当修正，但随着这一学派的发展，现代达尔文主义已经远远不局限于自然科学领域，而成为一种重要的社会理论，而且这一学派内部在关于科学与宗教、人性与文化等问题上存在不同旨趣。正是这种分歧导致很多学者主张应对现代达尔文主义进行区分，不能笼统地进行批判。

现代达尔文主义除杜布赞斯基外，还有以下重要代表人物：威尔逊，其代表作有《论人类本性》《基因、大脑和文化》《论契合》；理查德·道金斯，其代表作有《自私的基因》《拆解彩虹：科学、错觉和猎奇嗜好》《上帝的错觉》。

英国科学家理查德·道金斯的《自私的基因》产生了很大的社会影响力。1976年，《自私的基因》出版，震惊了世界。该书产生了难以估计的深远影响，全球销量超过100万册，被翻译成20多种语言，“自私的基因”成了英语中的一个固定词组。我国直至《自私的基因》出版20多年后，才在1998年10月翻译出版了这部科普杰作。

道金斯的《自私的基因》

为什么这部杰作会震惊世界呢？原来，这本书将人们头脑中的“万物之灵”的优越感击得粉碎，将人降到与动物同等的地位。虽然黑猩猩和人类的进化史大约有99.5%是共同的，但大多数思想家把黑猩猩视为畸形异状、与人类毫不相干的怪物。道金斯应用达尔文的生物进化论和现代的基因论，论证了某一物种比另一物种高尚是没有客观依据的。

随着人类基因组计划的完成，基因已深入现代人的心中。但是，人们对基因的理解，仅仅停留在物质层面上。我们为什么像老爸老妈，因为我们有老爸老妈的基因。在精神层面上，我们同基因有什么关系？可能大多数人没有想过，但道金斯给了回答：因为祖宗遗传给了我们“自私的基因”。为什么我们会有“自私的基因”？原因是自然选择的结果。

道金斯认为，无论是黑猩猩和人类，还是蜥蜴和真菌，它们都是经过长达30亿年之久的自然选择进化而来的。太古以来，聚集在海洋或某个冒着强烈硫黄气息的接近于沸腾的池塘里一些寻常的有机小分子，在纯粹的物理化学作用下发生各种随机的聚合。一定有某个刹那，世界上诞生了第一个具有自我复制能力的有机分子，它具有非凡的能力，能够利用基本的原料制造自己，当然复制并非完美。它的后代子孙在这个星球上繁衍不绝，穿越30亿年的时光长河将这个世界改造得面目全非。如今它的后代子孙遍布这个星球的天空、陆地、海洋，不过它已经将自己深深藏匿，直到1953年人们才真正明白了它的地位，今天我们把这些分子中的某些片段称为基因。而我们眼中的形形色色的生命形式都是由它创造出来的。

每一个物种内，某些个体比另一些个体留下更多的后代，它们生存下来的机会就多。因此，生存竞争的结果为所有的生物留下了“自私的基因”，人类也不例外。自私是人的天性，这个结论与我国2000多年前的思想家荀子的“性恶论”如出一辙。

虽然用自私这样一个纯粹人类道德领域中的词来修饰一种分子有些荒唐，然而这确实有助于我们理解。在深受大家喜欢的动物世界中各种动物在求偶期间的各种仪式、战斗，都是在这些漂亮而杰出的机体中自私的基因的驱使下完成它们的终极使命，将这些自私的基因延续下去。在这里确实没有什么美德，这些穿越了难以想象的漫长岁月的分子，注定了是自私的。在这些自私基因的作用下，人类犯下了一系列暴行。远的不说，就看看 20 世纪的两次世界大战吧，人类有多么残忍。

丹尼尔·丹尼特的代表作有《达尔文的危险思想：进化和生命的意义》《破除符咒：作为一种自然现象的宗教》。乔治·威廉斯的代表作有《适应与自然选择》《自然中的计划和目的》。这些现代达尔文主义者都有一个共同的特点，即主张用自然科学的眼光来考察人文科学，倾向于把社会生物学理论提升为所有学科的主导。因此，古德哈特在《现代达尔文主义和宗教》中指出，“在威尔逊看来，哲学在理解精神活动方面已经完全过时了，它应当屈从于心智与认识科学以及神经科学”“文化理论家应当让步给进化论心理学家”。

现代达尔文主义者对宗教的看法和态度有温和与激进之分。丹尼尔·丹尼特对待宗教的态度是温和的，他能接受宗教存在的事实，只是主张把宗教当作一个自然过程来处理。古德哈特在《现代达尔文主义和宗教》中认为丹尼特的“破除符咒”有两层意思：一是破除阻碍科学探究的宗教禁忌，二是破除宗教本身这一符咒。理查德·道金斯对待宗教的态度被看作是激进的，他认为“上帝是一种错觉”“宗教是一种病毒”，并认为人们信仰上帝要归因于人们“孩子的心灵”。他被古德哈特等许多人看作是“倒置的原教旨主义，是基督教原教旨主义的对等物”。古德哈特在《现代达尔文主义和宗教》中说：“在他们试图形成一种生物学宗教理论的时候，现代达尔文主义者却越过了自己能力的边界。由于对长期而又丰富的宗教历史的无知，他们是在做意识形态的事，而不是在做科学的事。”

19 世纪生物进化论产生时是一种科学假说，它对社会问题、宗教信仰问题均不感兴趣，它就是生物学的一个内容，完全不干预这门学问之外的东西。通俗地说就是看到了两种动物在骨架结构上有诸多相似之处，要弄清楚这是怎么回事，然后就开始研究，包括利用一些这个时代其他科学研究取得的成果、实验装备和研究手段，通过不断的证伪、修正，找到最接近真相的结论，仅此而已。

和所有科学理论一样，进化论也不是一蹴而就的，它也有一个不断证伪的过程，不断发展的过程，它面对错误不回避，尊重事实。当我们今天再谈进化论的时候，不再指古典进化论。向前看，进化论还会发展，会变得越来越成熟。

现代达尔文主义虽然对达尔文主义有批判，但更多的是对达尔文主义的继承和发展，综合了自然选择学说与基因论两种观点，吸取了达尔文学说的精华，又提出了自然选择模式概念，从而丰富和发展了达尔文的自然选择学说，并引入群体遗传学的原理，弥补了新达尔文主义基因论的不足，从而使现代达尔文主义成为当代生物进化学说的主流。

中性突变漂变假说与后达尔文主义

▶导言

1965年，微生物学家林恩·玛格丽丝对历经百年的达尔文学说的现代框架发起抨击。1968年，日本群体遗传学家木村资生提出了“中性突变漂变假说”，简称为“中性学说”。次年，美国学者金和朱克斯著文赞成这一学说，并直书为“非达尔文主义进化”，因为他们认为在分子水平的进化上，达尔文主义主张的自然选择基本上不起作用。

中性学说的要点是：突变大多数是“中性”的，它不影响核酸和蛋白质的功能，因而对生物个体既无害也无益。“中性突变”可以通过随机的遗传漂变在群体中固定下来，于是，在分子水平进化上自然选择无法起作用。如此固定下来的遗传漂变逐步积累，再通过种群分化和隔离，便产生了新物种。进化的速率是由中性突变的速率决定的，即由核苷酸和氨基酸的置换率决定。对所有生物来说，这些速率基本恒定。木村资生认为，虽然表现型的进化速率有快有慢，但基因水平上的进化速率大体不变。尽管如此，木村资生还是承认，中性学说虽然否认自然选择在分子水平进化上的作用，但在个体以上水平的进化中，自然选择仍起决定作用。

有一些微生物学家、基因学家、理论生物学家、数学家和计算机科学家正在提出这样的看法：生命所包含的东西，不仅仅是达尔文主义所说的那些东西。他们并不排斥达尔文所贡献的理论，他们想做的只是要超越达尔文已经做过的东西。无论是林恩·玛格丽丝，还是任何一位后达尔文主义者，都不否认在进化过程中普遍存在自然选择。他们的异议针对的是这样一种现实：达尔文学说具有一种横扫一切不容其他的本性，事实上，已经逐渐有证据表明，仅凭达尔文以自然选择为核心的生物演变学说来解释进化是不够的。这就是后达尔文主义。后达尔文主义学者提出的重大课题是：自然选择的适用极限何在？什么是进化所不能完成的？以及如果自然选择确有极限，那么在我们所能理解的进化之中或者之外，还有什么别的力量在起作用？

达尔文主义认为，一切生物物种都是要发生变异的，要进化的。可是，后达尔文主义认为，细菌和病毒可以轻松击破这个理论，而且很多东西千百年也可以不变化。比如，三叶虫时代的生物基本上没有变化，鸭嘴兽、海鲎等就没有进化，或者基本上没有进化。这就从根本上否定了达尔文的自然选择学说，因此，后达尔文主义又被称为非达尔文主义。

达尔文主义认为，有利的突变是自然选择的对象，是进化的动力。而非达尔文主义认为在DNA分子水平上，生物进化所保留下来的并不都是所谓的“适应环境的性状”，而是“这个性状的存在并没有影响到这个物种的生存”。人们在研究DNA分子结构和基因结构时，发现由贮存遗传信息的核酸分子的置换所造成的基因突变，除了有害的之外，能够保留下来的有利突变微乎其微，大部分是对于自然选择来说既无利也无害的中性突变。如果把轻度有害、近似中性的突变算在内，中性突变则占整个突变数量的大多数。因此，在进化中担任主角的不是“有利突变”，而是“中性突变”。

达尔文主义学说侧重从生物体结构的高层次、从生态角度考察进化问题，非达尔文主义学说侧重从生物体结构的低层次、从生化角度考察进化问题。由于研究的侧重点不同，所以出现了相互矛盾的看法，形成了两种对立的学说。

然而，如果全面考察这两个层次上的进化机理，即可发现这两种学说并不是绝对排斥、互不相容的。高层次与低层次是相互联系、相互渗透的，两个层次上都存在有利、有害和中性这三种变异。单用选择说或单用中性说都不能全面说明任何一个层次上的进化机理。从认识论上说，无论是选择说还是中性说，都是对进化问题认识的一个方面，是认识发展过程中的一个片段，都具有相对的真理性，都不能把任何一种学说绝对化。

斯宾塞与社会达尔文主义

▶导言

达尔文主义是关于自然界的，生物的，而盛行于19世纪70年代的社会达尔文主义，将社会问题与达尔文的进化论融合在一起，对人类社会造成了巨大的冲击力。

社会达尔文主义的创始人赫伯特·斯宾塞出生于英国德比，1853年他离职开始投入专业写作。以后数年，他的著作涵盖了教育、科学、铁路工业、人口爆炸，以及很多哲学和社会学。

斯宾塞的著作吸引了很多读者。1869年，他开始仅仅依靠著作的收入维生，成为世界上最早的专业作家之一。他的著作被翻译成多种语言，如德语、法语、俄语、汉语、西班牙语、意大利语、日语等，并在欧美等地获得了很多荣誉。

斯宾塞

斯宾塞对人类影响最大的是创立了社会学理论，后人将之称为社会达尔文主义，其突出特点是将社会与生物有机体进行类比，他的社会进化论和社会有机体论都是从这种类比出发，在类比思想方法的支配下展开的。

1852年，斯宾塞在达尔文的《物种起源》发表7年前就提出了社会进化的思想，认为进化是一个普遍的规律，他在早期著作中就已提出社会进化是直线的、不间断的，以后他意识到就社会整体而言进步是必然的，但在每一个特定社会里并不是必然的。他进而说明社会进步的多样性和多线性。

斯宾塞虽然比达尔文更早提出进化的思想，但仍然受达尔文生物进化论的影响，将生存竞争、自然选择法则移植到社会理论中。他认为，社会进化过程同生物进化过程一样，也是优胜劣汰、适者生存，生物界生存竞争的法则在社会中也起着支配作用。人类有优等种族和劣等种族、优秀个人和低能个人之分。劣等的种族和低能的个体应当在竞争中被淘汰。他还认为，进化是一种自然的过程，应遵循其自身的规律，而不应人为地干预。他既反对国家计划和社会福利，也反对社会改良和社会革命，认为这些都是违反自然规律的。

斯宾塞的社会进化论在世界历史上产生了很大的影响。这种影响，有正面的，也有负面的。社会达尔文主义曾被其拥护者用来为社会不平等、种族主义和帝国主义辩解，理由就是斯宾塞所说的“适者生存”。至此，斯宾塞对社会和道德机制进化的理解被异化为与其哲学思想相对立的观念。

社会达尔文主义的源头是马尔萨斯。1766年2月13日，英国人口学家马尔萨斯出生于英格兰萨里，毕业于剑桥大学耶稣学院，他的代表作品是《人口原理》，其理论要点是：如果没有限制，人口将呈几何级数增长，食物供应则只能以算数级数增长。他指出，在历史上，限制人口的自然因素是事故、衰老、战争、瘟疫、饥荒等各类灾难，还包括杀婴、谋杀、节育和同性恋等道德限制和罪恶。

马尔萨斯倾向于用道德限制，包括利用晚婚和禁欲等手段来控制人口增长。值得注意的是，马尔萨斯建议只对劳动群众和贫困人口采取这样的措施，这其中含有优生学的观念。

马尔萨斯注意到许多人误用他的理论，便申明他的《人口原理》只是对人类过去和目前状况的解释，以及对人类未来的预测。

马尔萨斯理论对现代进化论创始人达尔文和华莱士产生过关键影响。达尔文在他的《物种起源》一书中说，他的理论是马尔萨斯理论在没有人类智力干预的一个领域里的应用。达尔文终生都是马尔萨斯的崇拜者，称他为“伟大的哲学家”。华莱士称马尔萨斯的著作是“我所阅读过的最重要的书”，并把他和达尔文通过学习马尔萨斯理论各自独立地发展出进化论，称作“最有趣的巧合”。

进化论学者们普遍认可马尔萨斯无意中对进化论做出的许多贡献。马尔萨斯对于人口问题的思考是现代进化理论的基础，他强化了对“有限增长”条件下“生存挣扎”的观察。由于马尔萨斯的理论，达尔文认识到生存竞争不仅发生在物种之间，也在同一物种内部进行。

马尔萨斯的《人口原理》

社会达尔文主义者大多数沿用马尔萨斯的人口理论来阐释社会进化。

社会达尔文主义本身并不是一种政治倾向。有的社会达尔文主义者用这一思想说明社会进步和变革是不可避免的。19世纪中叶，中国学者严复的社会达尔文主义思想对中国社会产生了巨大影响。

严复，福建侯官人，少年时期考入家乡的船政学堂，接受广泛的自然科学教育。1877 年到 1879 年，严复等被公派到英国留学，先入普茨茅斯大学，后转到格林尼治海军学院。留学期间，严复对英国的社会政治产生兴趣，涉猎了大量资产阶级政治学术理论，尤为赞赏达尔文的进化论观点。

回国后，严复从海军界转入思想界，积极倡导西方的启蒙教育，于 1897 年翻译了英国学者赫胥黎的《天演论》。他的译著既区别于赫胥黎的原著，又不同于斯宾塞的普遍进化观，有他结合中国国情的感悟。在《天演论》中，严复以“物竞天择，适者生存”的生物进化理论阐述其救亡图存的观点，提倡鼓民力、开民智、兴民德、自强自立，号召救亡图存。“物竞天择，适者生存”的思想在中国社会引起强烈反响，成为“变法图强”和现代中国民族主义的理论基础之一。

严复先生

严复的主要著作

在中国，达尔文学说在社会学中的影响远胜于生物学。很多中国知识分子毫无保留地接受了社会达尔文主义，但他们中很少有人真正理解生物进化论。在当代中国，社会达尔文主义的影响仍然很大，《天演论》中的社会达尔文主义思想演变成“落后就要挨打”的共识，激励国人奋发图强，建立现代化强国。

社会达尔文主义另外一种解读是优生学，该理论是由达尔文的表弟弗朗西斯·高尔顿发展起来的。高尔顿认为，人的生理特征可以世代相传，因此，人的脑力品质，即天才和天赋也是如此。社会应该对遗传有一个清醒的决定，即避免“不适”人群的过量繁殖以及“适应”人群的不足繁殖。高尔顿认为，诸如社会福利和疯人院之类的社会机构允许“劣等”人生存，并且让他们的增长水平超过了社会中的“优等”人，如果这种情况不得到纠正的话，社会将被“劣等”人所充斥。达尔文带着兴趣阅读了高尔顿的文章，并且在《人类起源》中用了部分章节来讨论高尔顿的理论。不过无论是达尔文还是高尔顿，都没有主张在 20 世纪上半叶得以实行的优生政策，他们在政治上反对任何形式的政府强制。

社会达尔文主义曾在欧洲一些社会圈子里，特别是在 19 世纪末 20 世纪初的德国知识分子间广泛流传。恩斯特·海克尔于 1899 年出版的畅销书《宇宙之谜》，将社会达尔文主义介绍给更多读者，此书构造了一种自然现象与渲染浪漫和符号象征的神秘主义大杂烩。这一现象催生了 1904 年建立的“一元论者联盟”，其成员有许多名流。1909 年，该联盟的会员有六千人之众。他们主张进行优生改革，结果该主张成为希特勒国家社会主义德国工人党的理论源泉之一。哲学家尼采创造了“超人”这个概念。在国际上，各帝国之间的竞争鼓励了军事化和对世界依照殖民势力范围进行划分。当时对社会达尔文主义的解读更强调种族间的竞争而非合作。

19 世纪末 20 世纪初，与社会达尔文主义有关联，以德国为代表的种族优越和竞争思想开始泛滥。社会达尔文进化论基于基因分岔和自然选择理论进行种族划分。基因分岔是指一个物种彼此之间互相分离，从而各自发展出自己独特的基因特征，这一理论适用于包括人类的所有生物。正是由于基因分岔，我们今天才有不同的人种和族群。

19 世纪末 20 世纪初流行的看法是，北欧的日耳曼人是优等人种，因为他们在寒冷的气候中进化，迫使他们发展出高等生存技巧，在现今时代表现为热衷于扩张和冒险。另外，相对于非洲的温暖气候，自然选择在寒冷的北部以更快的速度淘汰体格较弱和低智力的个体。

在第二次世界大战中，种族主义为世界带来了巨大的灾难。战后，社会达尔文主义的种族论被全世界所扬弃，马尔萨斯关于食物供应的算术模型被普遍拒绝，因为在过去的两个世纪里，食物供应与人口增长保持了同步，但关于人口的理论仍对世界产生巨大影响。

教科文组织的发起人、进化论学者和人道主义者赫胥黎在 1964 年出版的著作《进化论的人道主义》中描述了“拥挤的世界”，呼吁制定“世界人口政策”。联合国人口基金会等国际组织关于地球能容纳多少人的辩论就起源于社会达尔文主义。

在中国，反对马尔萨斯人口论的结果是多生育了几亿人。政府从 1980 年起，在实行计划生育的同时，还大力提倡“优生优育”，相关的政策具有浓厚的社会达尔文主义色彩。

人类学家在 18 世纪就开始研究人种的分类。1775 年，德国的布鲁门巴哈根据肤色、发型、身高等特征，把人类划分为 5 个人种：高加索人种，俗称白种人；蒙古利亚人种，俗称黄种人；尼格罗人种，俗称黑种人；亚美利亚人种，俗称红种人；马来亚人种，俗称棕种人。这个划分，可以说是第一个用科学的方法将人种做地理分类。1961 年，美国的加恩把全世界人类划分为 9 大地理人种，32 个地域性人种。

数百年来，世界人类的分法五花八门，众说纷纭，莫衷一是，现在最流行的是把全世界的人种分成四大类。

第一大类是黄色人种。黄色人种，俗称黄种人，又称蒙古人种，或者亚美人种。他们的主要体质特征是肤色黄，头发粗而直、色黑，眼色黑或深褐，面部宽阔，颧骨平扁而突出，鼻梁低，眼有内眦褶，外眼角稍上斜，胡须及体毛稀少，主要分布在亚洲的大部分地区和美洲。

第二大类是白色人种。白色人种，俗称白种人，又称高加索人种，或者欧亚人种。他们的主要体质特征是肤色、发色和眼色都较浅，头发常呈波浪形，鼻梁高而窄，胡须及体毛发达，主要分布于欧洲、西亚、北亚、北非等地。

第三大类是黑色人种。黑色人种，俗称黑种人，又称尼格罗人种、非洲人种。他们的主要体质特征是肤色黝黑，头发黑而卷曲，眼色黑，鼻宽而扁，唇特厚而外翻，胡须及体毛较少，主要分布于非洲的大部分地区。

第四大类是棕色人种。棕色人种，俗称棕种人，又称澳大利亚人种。他们的主要体质特征是皮肤棕色或巧克力色，头发棕黑而卷曲，鼻极宽而高度中等，口鼻部前突，胡须及体毛发达，主要分布于大洋洲、新西兰及南太平洋岛屿。

然而，这样的分类方法受到了不少科学家的质疑。比如，不少科学家认为，将棕色人种归为独立的一大类人种并不妥当。有的科学家认为，棕色人种是黑色人种的变种，而另一些科学家则认为，棕色人种是白色人种的变种。因此，现在大多数人认为，人种分为白色人种、黄色人种和黑色人种较为妥帖。

人种有无优劣之分，这是争论了几百年的问题。白人种族主义者认为，只有白种人是优等民族，其他人种都是劣等民族。希特勒的法西斯主义更是走向极端，他们认为，只有白种人中的雅利安民族才是最优秀的，其他民族，包括白种人中的犹太民族，都是劣等民族。

黄种人中的民族主义者也自认是世界上最优秀的民族。有个广泛在黄种人中流行的笑话反映了这种想法。他们说，上帝造人如烤面包，第一炉火候不够，造出来皮肤浅的白人；第二炉烤过火，造出来皮肤黝黑的黑人；第三炉吸取了经验教训，火候掌握得恰到好处，造出来肤色适度的黄种人。

没听说过有黑人种族主义者，但在2008年的北京奥运会上，黑人取得了男、女100米的冠军，似乎黑人在体能爆发上，比黄种人、白种人有优势。

黄种人、白种人、黑种人孰优孰劣？其实，这种争论是很难有结论的。在三大类人中，以白种人的种族优越感最强。白种人在世界分布最广，仅欧洲一地，白种人又可分为以下三个分支。第一支为北欧型，其体质特征为身材高大，蓝眼，头长，主要分布在英国、瑞典、挪威、芬兰等地。第二支为地中海型，其体质特征为中等身材，发黑而鬈，棕眼，头长，肤呈棕色，性格多热情豪放，出诗人、艺术家、音乐家，主要分布在西班牙、意大利以及地中海沿岸各地。第三支为高山型，其体质特征是身体短壮，黑发，棕眼，面宽，性情多保守，工作勤奋，主要分布在中欧和东欧的山地区域。

白种人是否是世界上最优秀的民族，比黄种人优越？黄种人的智慧有目共睹，从一万年前至今，黄种人为世界至少贡献了十大发明：指南针、造纸、活字印刷术、火药、象形文字、丝绸、瓷器、茶叶、六畜、五谷。白种人只是在几百年前吸收了黄种人的文化，通过文艺复兴运动，才逐渐走到世界前列。

白种人与黑种人

白种人与黑种人相比，也无特别的优点。在政治智慧上，黑种人并不输于白种人。在白种人占优势的美国，黑人赖斯当上了国务卿，黑人奥巴马击败白人克林顿夫人，成为民主党总统候选人，最后当上了总统。

应该说，黄种人、白种人、黑种人在智慧和人格上都是平等的，不存在孰优孰劣的问题。但是，三种人也有细微的差别，各有长短。

以黑种人为例，由于种族基因的差异，黑种人在体能爆发上是有一定优势的，这已为科学家的研究所证明。2008 年北京奥运会上，牙买加的黑种人创造了奇迹。最先是牙买加“飞人”博尔特以令世界瞠目结舌的方式，风一般地将男子 100 米世界纪录甩在身后。9 秒 69！一个超越了科学家们断言的人体极限速度。随后，博尔特又在 200 米决赛中以 19 秒 30 的成绩打破世界纪录。牙买加的三个女黑人包揽了女子 100 米决赛前三名。

人们注意到，在北京奥运会前，牙买加一共获得了 44 枚奥运奖牌，其中大多数是短跑个人和接力项目。北京奥运会上，亮相“鸟巢”的51名牙买加田径选手中，竟有39人是短跑悍将。

牙买加，这个人口仅有280万人的加勒比海小国，缘何盛产短跑名将？英国格拉斯哥大学和西印度大学的科学家曾对超过200名牙买加运动员做过一项研究，发现70%的人体内拥有一种能改进与瞬间速度有关的肌肉纤维，就是这些纤维可以使运动员跑得更快，而在对澳大利亚运动员的研究中，这个比例仅为30%。牙买加短跑的优势不是昙花一现，那里潜藏着很多博尔特和鲍威尔，研究报告下了这样的结论：“这是由基因决定的。很显然，那里还有很多人拥有这样的潜力。”

不过，这种黑种人的神话并不是绝对的。中国人刘翔就曾打破了在110米栏赛跑中黑人的垄断地位，一举击败众多黑人名将，夺得2004年雅典奥运会110米栏决赛的金牌。

不同肤色的人种在运动场上的差异，不少科学家均从基因差异上找到了原因。在径赛跑道上，尤其是短跑项目，几乎是黝黑发亮的黑皮肤人的领地，黑种人与黄种人、白种人相比，除了拥有独特的肌纤维外，有关专家在研究和分析了白种人与黑种人的脚底屈肌后指出，白种人的屈肌强度约为50千克，而黑种人的却高达200千克。也就是说，如果以同样的腿部蹬力作用在地面上，黑种人所得到的反作用力比白种人高出3倍。这使黑种人多年来在田径跑道上称王称霸。

游泳池里则差不多成了白皮肤人的天下。科学家的研究结果表明，白种人在水中每立方厘米肌肉仅重1.5克，而黑种人则为11.3克，黑种人在水中的体重不仅远远超出白种人，而且还高于其他人种。由于这一缘故，黑种人在水中通常要比其他人种付出更大的气力来解决自身下沉的问题，自然就会大大影响游泳的速度，相比之下，白种人则会显得轻松自如。

黄种人与黑种人、白种人在田径与游泳天赋中的基因比较，还未见资料报道，但从黄种人无论是在游泳池，还是在田径场，均可拿到金牌的事实看，其田径与游泳天赋中的基因应在白种人与黑种人之间。

客观事实表明，不同种族的人是存在一些基因差异的，但那是“大同小异”。按生物学的分类，世界上只有一个人种，所有不同的“人种”只是“品种”级的差异。这从不同“人种”可以通婚便可证明。

我们认为，当社会发展遭遇困境，人类就会表现出原始的野蛮性，如二战期间，德国、日本对其他国家的侵略，是因为他们本身的生存遇到了困境。人类社会应该朝着文明的方向演进，虽然各国都会从自身利益出发，但那种损人利己的行为总不是可持续发展之计，当今世界经济全球化趋势越来越明显，大国也有很多自己不能解决的问题。

人与自然界的其他生物是有差异的，不能完全用自然进化法则来导出社会进化法则。人是有思想，有道德的。生物可以弱肉强食，但人类社会也应该这样吗？如果哪个民族认为自己是优秀的，就该去侵吞其他民族吗？人类之所以组成社会，目的就是要通过管理的方式来实现公众利益的保护，促进人类的发展。这公众不该只是强者，也应该包括弱者，甚至弱者更该得到保护。从社会发展的趋势来说，人类应该朝着共同发展的方向努力。

渐变论与灾变论之争

▶导言

达尔文生物进化论的致命伤是化石证据中中间环节的缺失，即种与种之间缺乏过渡类型，比如，人与猿之间的过渡类型，龙与鸟之间的过渡类型。在非洲发现700万年前的人猿过渡类型，被有的科学家判定为人的始祖。有科学家宣称发现龙鸟这种龙与鸟之间的过渡类型，但颇受争议。

其实，与达尔文同时代的著名地质学家居维叶就提出过解释这种现象的灾变论，但因将这种灾变论戴了一个神创论的帽子，而被科学家共同体所扬弃。可是，近几十年来，对恐龙灭绝原因的深入探讨，使灾变论死灰复燃，逐渐成为被科学家共同体接受的新灾变论。

新灾变论并不否认自然选择学说，只是对自然选择的手段强调“灾变”而已，也是对达尔文生物进化论的补充和完善。同时，新灾变论已完全抛弃了神创论，与上帝无关。

也许，渐进和灾变在自然界中都会发生。

19世纪初，著名地质学家居维叶提出了生物进化的灾变论，认为地球的构造、岩石的形成、古代生物的变化主要是那些全球性的突然而剧烈的自然事件，如一场大的洪水等造成的。赖尔和达尔文则主张均变论，认为地球不曾发生过全球性灾变，地质现象都是缓慢变化的。18 世纪末到 19 世纪初，科学家在各时代地层中发现了大量的各种形态的生物化石，这些化石与现代生物既相似又不同，表明地球历史上生存过许多现今不再存在的物种。《圣经》不能解释这些物种绝灭的现象，为了解释古生物学的发现而又不违背《圣经》，于是有了灾变论。

当进化论的奠基人达尔文的进化理论发表后，地球上的生物是渐渐演变的观点统治了生物学界。后来，科学家们将达尔文的自然选择学说与现代遗传学说、古生物学以及其他学科的有关成就综合起来，形成了生物进化发展的理论——现代达尔文主义。由于其能较好地解释各种生物的进化现象，所以近半个世纪以来，在进化论方面一直处于主导地位，渐变观点成为主流。

随着历史的不断发展，古生物学的研究也日益深入。科学家们发现，他们在地层中找不到连续的生物缓慢进化的证据，相反却在化石中常常发现有些物种突然出现以及有些物种突然消失，而且地球上还发生过许多不同种类的动物或植物全部或大部分一起灭绝的“集群绝灭”现象。这些现象显然不是渐变的，达尔文的渐变观点存在严重破绽。最显著的例子就是在距今 7000 万年前，地球上大量的生物突然死亡，其中包括恐龙的灭绝。

在我们的地球上，曾经有很多生物种类出现后又消失了，这是生物演化史中的一个必然阶段。但是像恐龙这样一个庞大的占统治地位的家族，为什么会突然之间从地球上消失了？这不能不引起我们的种种猜测。在 6500 万年前白垩纪结束的时候，究竟发生了什么，使得恐龙和另外一大批生物统统死去，科学家们对此一直争论不休。有人说原因是地球在 6500 万年前发生了地质上的造山运动，平地上长出许多高山来，沼泽减少了，气候也变得不那么湿润温暖了。恐龙的呼吸器官不能适应干冷干热的空气，而且一到冬天，恐龙的食物也没有了，所以就走上了绝路。有人说是超新星爆炸引起地球气候发生强烈变化，温度骤然升高后又降得很低的缘故。也有人说是恐龙吃了大量的有花植物，这些花中有很多毒素，恐龙食量很大，所以中毒而死，证据是白垩纪晚期开始出现了有花植物。还有人别出心裁地说，是因为恐龙这种巨大的动物吃得太多且不断放屁，向空中释放大量的甲烷。由于它们数量太多，生存时间又长，所以破坏了地球的臭氧层，从而形成毁灭性气候。甚至有人说是外星人跑到地球来猎取的结果，因为它们觉得恐龙肉特别好吃，证据是他们在北极发现的恐龙骨骼化石有像被激光切割的痕迹。有的科学家认为，是由于海平面下降，新的陆地出来了，恐龙有迁移的习惯，去了其他地方，不适应那里的环境，最终灭绝。总之，说法是五花八门，无奇不有。但是，普遍被大家认可的是陨石撞击说。

1980年，美国科学家在6500万年前的地层中发现了高浓度的铱，其含量超过正常含量几十甚至数百倍。这样高浓度的铱在陨石中可以找到，因此，科学家们就把它与恐龙灭绝联系起来。科学家根据铱的含量还推算出撞击物体是一颗直径为10千米的小行星。这么大的陨石撞击地球，绝对是一次致命的打击，以地震的强度来计算，大约是里氏10级，而撞击产生的陨石坑直径超过100千米。科学工作者用了10年的时间终于有了初步结果，他们在中美洲犹加敦半岛的地层中找到了这个大坑。据推算，这个坑的直径在180千米到300千米之间。

科学家们开始为我们描绘6500万年前那壮烈的一幕。有一天，恐龙们还在地球乐园中无忧无虑地尽情吃喝玩乐，突然天空中出现了一道刺眼的白光，一颗直径为10千米相当于一座中等城市般大的巨石从天而降。那是一颗小行星，它以每秒 40 千米的速度一头撞进大海，在海底撞出一个巨大的深坑，海水被迅速汽化，蒸汽向高空喷射数万米，随即掀起的海啸高达 5 千米，并以极快的速度扩散，冲天大水横扫陆地上的一切，汹涌的巨浪席卷地球表面后会合于撞击点的背面，在那里巨大的海水力量引发了德干高原强烈的火山爆发，同时使地球板块的运动方向发生了改变。

那是一场多么可怕的灾难啊！陨石撞击地球产生了铺天盖地的灰尘，极地雪融化了，植物毁灭了，火山灰充满天空。一时间暗无天日，气温骤降，大雨滂沱，山洪暴发，泥石流将恐龙卷走并埋葬起来。在以后的数月乃至数年里，天空依然尘烟翻滚，乌云密布，地球因终年不见阳光而陷入低温中，苍茫大地一时间沉寂无声。生物史上的一个时代就这样结束了。

小行星撞击地球

1986 年，波兰华沙地质研究所的专家们在克拉科夫、琴斯托霍瓦和卢布林地区考察时，在年龄为1.6亿年的地层中发现了来源于陨石的高浓度宇宙物质，包括铱、锇、铂、金等。这一发现，确定了在1.6亿年前，地球上曾经发生过一次来自宇宙的大灾变，为地球大灾变理论提供了新的证据。

这些证据与其他一些证据的发现，使科学家们提出了新灾变论。科学家们发现，周期性的大灾难导致地球上的生物集群绝灭周期性的发生，每次生物集群绝灭后地球上生物的种类与数量都很少，短暂的萧条之后，一批新的、更进步的物种突然出现，在数量上迅速增长、大幅发展，代替古老的绝灭种类而重新占领海陆空。科学家们总结出的这种模式是：灾难性变化—生物绝灭—生物大辐射发展。地球上的生物正是以这种模式从低级到高级，从简单到复杂地发展起来。新灾变论认为，地球每隔2600万年至3000万年就会发生一次来源于宇宙的大灾变，如地球与小行星或彗星相撞等。这些大灾变使地球气候条件急剧变化，某些生物物种灭绝，另一些生物物种出现和发展。

近年来，对地球灾变史的研究十分活跃，众多的研究成果可以归纳成以下具有突破意义的观点：恐龙灭绝时，地球曾遭遇到小行星或彗星的撞击，地球生物界至少五次大灭绝事件是由巨大外来物体撞击而引起的。两亿多年以来，生物的群集绝灭有周期性，地球上已发现的撞击陨石坑的年代也有周期性，与集群绝灭发生的时间相同。地球史上的五次大灾变中，第一次大灾变发生在距今4.3亿年前的奥陶纪晚期，在这次大灾变中，40％的海生无脊椎动物灭绝，大量的脊椎动物被鱼类取而代之。第二次大灾变发生在距今3.5亿年前的泥盆纪晚期，造礁珊瑚、海绵动物、腕足动物和许多浮游生物灭绝，占物种总数的25％～40％，取而代之的是陆地上裸蕨的繁盛和两栖动物的兴起。第三次大灾变发生在距今2.3亿年前的二叠纪与三叠纪之间，海陆绝大部分鞘石动物、腕足类、四射珊瑚、海百合、苔藓及繁盛一时的三叶虫等动物灭绝，占物种总数的90%以上，这是地球上最大的一次生物绝灭事件。第四次大灾变发生在距今2亿年前的三叠纪时期，繁盛一时的两栖动物、二齿兽类和槽齿动物灭绝，取而代之的是热血的哺乳动物和巨大的恐龙家族。第五次大灾变发生在距今6400万年前的中生代末期，恐龙全部灭绝，爬行动物中只有蜥蜴、蛇、龟与鳄并存，裸子植物大量衰减，劫后世界面目全非，哺乳动物和新生被子植物取而代之。实际上，目前的科学界已不得不承认这是事实上的灾变。

不过，新灾变论完全不同于居维叶的灾变论，更与宗教的洪水说毫无关联。新灾变论并不否认自然选择学说，只是对自然选择的手段强调"灾变"而已，也是对达尔文生物进化论的补充和完善。比如，在第四次大灾变后唱主角的恐龙，由于它们体大需要大量食物，所以不适应第五次大灾变后树林被毁食物稀少的环境被自然选择所淘汰，而当时唱配角体小可食草类的哺乳动物，适应大灾变后的新环境生存下来，发展起来。同样，在历经若干次大灾变，每次大灾变均能适应环境的从低级到高级的各类生物通过自然选择的关口延续至今。

其实，世间的事物并不是非此即彼，"存在的"就会有某种合理的原因。无论是哪一种达尔文主义，渐变论还是灾变论，进化论还是创造论，均不能一概排斥，或用一种去否定另一种，更不能将学术问题戴上政治帽子，而应允许百花齐放，在实践中去检验真理。

第六章　拉马克主义的复活

拉马克，这位进化论的先驱，在相当长的一段时期被世界遗忘了。但由于在分子生物学领域取得的成就，拉马克的"用进废退和获得性遗传"原理重新得到注意。随着表观遗传学的发展，科学家们证明了在低等生物中获得性遗传现象，在高等生物中获得性遗传也在分子水平上取得了一些证据。

越来越多的证据证明获得性是可以遗传的，但并不能认为获得性遗传是生物进化的主要方式。因为在环境条件未发生剧烈变化的很长时期，生物进化的脚步并没有完全停止。生物进化是许多因素共同作用的结果，归根到底还是遗传物质发生了改变，只有这样变异才能一代一代延续下去。

拉马克主义对阵达尔文主义

导言

拉马克主义和达尔文主义都主张生物进化论，反对神创论，但在进化的机制上有分歧。拉马克主张“用进废退和获得性遗传”，强调环境变化在生物变异方面所起的“诱导”作用，并且主张生物本性，即生物对环境的主观要求，对生物进化起重要作用。虽然达尔文也同意生物本性比环境更为重要，但达尔文认为变异和环境是相互独立的，在环境发生作用前变异就产生了，环境只是对变异起选择作用，生物以物种为单位通过生存斗争，适应环境的性状得到保留，不适应环境的性状被淘汰，即适者生存。

拉马克主义认为获得性遗传是生物进化的主要动力。一个著名的例子是对长颈鹿的脖子变长的解释，拉马克认为长颈鹿的脖子之所以长，是因为父辈长颈鹿为了吃树顶上的叶子，希望自己的脖子能更长一些，所以脖子越伸越长，而通过获得性遗传，就可以把这个长脖子的性状传给下一代，久而久之，长颈鹿的脖子就越来越长了。动物的某一器官长期不用，就会逐渐退化。这种思想被概括为四个字：“用进废退”。

达尔文主义则否定获得性遗传的机理，认为物种是通过生存竞争把不利的基因从物种的基因库中淘汰从而实现整体进化的效用。就长颈鹿的例子来看，达尔文认为在长颈鹿这个类群中，既有长脖子的，也有短脖子的，但是长脖子的长颈鹿更容易吃到树顶的树叶，处于竞争优势，其存活和繁衍机会比短脖子的长颈鹿大。久而久之，长脖子的长颈鹿越来越多，短脖子的长颈鹿越来越少，于是长颈鹿的脖子就越变越长了。这种思想也被简单地概括成四个字："优胜劣汰"。

长颈鹿

达尔文主义和拉马克主义在进化机制上的根本区别是，拉马克主义认为环境及其变化在顺序上居先，它们在生物中产生需求与活动，而后出现适应性变异；达尔文主义则认为首先是随机的变异，然后才是环境的有次序的活动——自然选择，变异并不是由环境直接或间接引起的。

对于进化的动力，两者的分歧就更大了。拉马克学说中的基本要点是进化的内在动力是"满足需求的努力改变了动物个体的行为与结构"。关于器官用进废退的观点自古就有，拉马克对这一观点给予了更加严密的生理学解释，在每一个尚未超过发育限度的动物中，任何一个器官使用的次数越多，持续时间越长，就会使那个器官的功能逐渐加强、发展和扩充，而且还会按使用时间的长短成比例地增强其上述能力，这样的器官如果长期不用就会不知不觉地被削弱和破坏，其能力日益降低，直至消失。另外，获得性遗传是动物族类长期生活于其中的环境条件影响的结果，也就是长期使用或长期废而不用某一器官的结果，使得动物个体获得或失去的每一种性状，都能通过繁殖传给产生的新个体，只要所获得的性状变化对雌雄两性都是相同的，或者对生产幼仔的动物都是相同的。

达尔文主义者批评拉马克是“凭空猜测的幻想家”，说他的“假说”仅限于“推理”，更像是一种形而上学的哲学，而非自然科学。因为它似乎在暗示着，生物的演化具有目的性，为了变得更复杂，更完美。

新拉马克主义学派

▶导言

拉马克提出的“用进废退，获得性遗传”是否正确，还需要科学发展来验证。在拉马克之后，一些学者对拉马克学说进行了补充和完善，主要强调环境对生物性状的影响，认为生物进化是定向的、适应性的，这被称为新拉马克主义。

在达尔文死前和死后的一段时间，达尔文学说在一些科学难题上没能做出令人满意的解答，自然选择学说越来越失去其吸引力。到1900年前后，自然选择学说的声誉跌到了低谷，大多数生物学家都支持别的学说，其中信奉者最多的是新拉马克主义。之所以称为“新拉马克主义”，是为了与拉马克提出的显然已经不合时宜的进化理论有所区别。

新拉马克主义最早出现在法国，以后遍及全世界。其早期学者有帕卡德、科普、勒唐得克、西奥多拉—埃默尔、奥斯本等，20世纪比较突出的有居诺、汪德比尔特等。

新拉马克主义虽然包罗了一大堆杂七杂八的观点，但新拉马克主义的共同特点是主张某一世代的阅历可以传递给下一代，而且成为遗传的一部分。因此，所有的新拉马克主义者都支持获得性遗传。在遗传物质的本质没有研究清楚之前，新拉马克主义对适应现象的解释远比用偶然变异和选择的随意过程来解释更使人满意。

发现基因突变和基因重组是进化的遗传物质基础后，年轻的新拉马克主义者很快就转向了达尔文主义。绝大多数的美国进化主义者在1900年以前都是新拉马克主义者。获得性遗传和用进废退有关的概念相结合，在各种新拉马克学说中占有主要地位。某一器官如果在新环境中变得更加有用，那么它的生长在每个世代中将会被促进，从而能更好地适应环境。这显然和拉马克的某些观点非常相似。他们为这样一种过程所提出的运行机制是“生殖细胞具有对生长力过去工作效应的记录，就像和记忆相类似的情况”。

在魏斯曼开始质疑、否认后天获得性遗传之后，新拉马克主义者面临着用实验证明自己的难题。但是新拉马克主义者能够用来支持自己的实验很少，他们反复引用的实验也可以有别的解释。例如，法国生理学家布朗—塞奎曾经做过一个实验，损害豚鼠的大脑，豚鼠的后代会出现痫癫。但是这并不足以证实痫癫就是遗传而来的，也有可能是大脑的损伤产生了一种毒素，传递到子宫中影响了胚胎的发育。遗传学诞生后，新拉马克主义者被逼入绝境，更需要用实验来证明自己的学说。

豚鼠

最热衷于此的是奥地利生物学家卡姆梅勒，他用两栖动物做了许多实验以证明环境能够导致可遗传的适应性变化。其中最著名的一个实验是他在第一次世界大战前做的产婆蟾实验。

产婆蟾是一种陆生的蟾蜍。水生的蟾蜍，雄的都有一个黑色指垫，交配时用于抓在雌蟾蜍身上以免滑倒，陆生的蟾蜍则没有这个黑色指垫。

卡姆梅勒强迫产婆蟾在水中生活，繁殖了几代之后绝种了，但是在绝种之前，雄蟾蜍据称长出了黑色指垫，而且一代比一代明显。卡姆梅勒声称水生的环境导致了“黑色指垫”这种适应性突变。

第一次世界大战后，卡姆梅勒为了拉到资助，周游列国到处演讲。1923 年，他带着产婆蟾标本去英国演讲，引起了轰动，但引起了遗传学家贝特森的怀疑，要求检查标本，但遭到拒绝。有些生物学家试图重复卡姆梅勒的实验，都失败了，因为产婆蟾极难养殖。

1926 年，在多方压力下，卡姆梅勒终于允许美国自然历史博物馆爬行类馆长和维也纳大学的一名教授检查产婆蟾标本，他们发现所谓“黑色指垫”乃是用黑墨水涂上去的，并向英国《自然》杂志写信揭露此事。此时卡姆梅勒正忙着往莫斯科寄运实验设备和个人物品，准备到那里担任莫斯科大学的教授。一个多月后卡姆梅勒开枪自杀，留下一封给莫斯科科学院的遗书，在辞职的同时声称他是无辜的，是有人在他不知道的情况下造假。

卡姆梅勒死时，新拉马克主义在西方国家已接近破产，这个丑闻不过是压垮骆驼的最后一根稻草，但是新拉马克主义在苏联却正在兴起。苏联政府邀请卡姆梅勒去苏联，就是想让他领导对抗遗传学的运动。卡姆梅勒的自杀使得这场运动被推迟了，直到 1935 年有了合适的人选——李森科。米丘林—李森科主义其实也是一种新拉马克主义。

在新拉马克主义学派中，汪德比尔特有一定的代表性。他认为，新种的创造是生物普遍反映的结果，不能取决于局部的基因突变；用突变不能解释进化，因为突变获得的新基因是退化畸形的；同时，突变也不能产生进化，因为它只是种内的变异，原生质创造了必需的适应性，这种适应性由基因传递给后代，基因只是细胞质的工具。因此，只能用生理和生化的功能来分析，才能解释生物的进化。

新拉马克主义学派对生物进化的原因，对获得性遗传机制等重大问题做了种种研究和论述，这是达尔文主义所未能涉及的方面。该学派的研究有的相当深入，并从理论上做了某些有价值的说明。其中有些论点尽可能地运用物理、化学的原理来揭示先辈科学家的预言，有相当强的说服力，对生物进化论的发展产生了积极的影响。

米丘林—李森科学派

▶导言

达尔文学说在不断发展，魏斯曼、孟德尔与摩尔根创立了新达尔文学说，苏联的孟德尔—摩尔根学派与同新拉马克主义一脉相承的米丘林—李森科学派发生了三十余年的争论和对峙，并在苏联上升到政治层面，许多坚持新达尔文主义的科学家惨遭迫害。直至20世纪60年代，这场争论才结束。此争论使苏联的分子生物学和遗传工程学遭到了不可挽回的损失，使苏联失去了两代现代生物学家。

1883年，德国进化生物学家魏斯曼提出“种质论”。魏斯曼的“种质论”虽然为科学的发展所否定，但他关于遗传是将“定子”传给后代，遗传物质在染色体中的理论，启发了人们去深入研究遗传物质，从而相继发现了染色体、基因和DNA。魏斯曼把他的种质论和达尔文的自然选择学说整合成一种生物进化论，称为新达尔文主义，是现代进化论中最有影响的一种学说。

达尔文主义的主要缺陷是缺乏遗传学基础。孟德尔遗传理论的创立，理所当然地为传统达尔文主义向新达尔文主义发展提供了良好的契机。孟德尔证明了生物体内有一种遗传因子（后来被称作基因），主宰着生物的生命活动和遗传。但是，遗传因子毕竟是一种虚无缥缈的东西，不知它藏在生物体的何方，因此，孟德尔的理论很难被科学共同体接受，直到20世纪20年代，美国遗传学家摩尔根发现染色体是基因的载体，创立了基因学说以后，新达尔文主义者才找到了有力的武器。

在苏联，信奉新达尔文主义的孟德尔—摩尔根—魏斯曼学派与同新拉马克主义一脉相承的米丘林—李森科学派发生了上升到政治层面的旷日持久且残酷无比的大争论。

米丘林纪念邮票

米丘林是沙皇俄国及苏联时期著名的园艺学家，一生致力于新品种的培育，取得了丰硕的成果，是类似袁隆平一样的科学家。他主要通过人的力量创造一定的外界条件来控制生物的生长发育，以取得所需要的品种，他最著名的口号是："我们不能等待大自然的恩赐，我们要向大自然索取。"

米丘林用传统育种方法成功地培育出了300多种果树新品种，赢得了苏联广大人民和科研工作者的热爱。

米丘林学说的基本思想是生物体与其生活条件是统一的，生物体的遗传性是其祖先所同化的全部生活条件的总和。如果生活条件能满足其遗传性的要求，则遗传性保持不变；如果生活条件不能满足其遗传性的要求，则遗传性发生变异，由此获得的性状与其生活条件相适应，并在相应的生活条件中遗传下去。这个学说中无性杂交、辅导法、媒介法、杂交亲本组的选择、春化法、改造秋播作物为春播作物、气候驯化法、阶段发育理论等，对提高农业产量和获得植物新品种具有实际意义。

米丘林认为，获得性是由外界生活条件的改变进而改变了生物体内部的新陈代谢类型而形成的，在一定条件下向同一方向发展并巩固，进而转化为遗传性。这一理论与前面提到的一些理论有一个重要区别，即它是以米丘林大量的实践和理论为基础的。米丘林的主要工作有无性杂交、定向培育等。

米丘林学派通过米丘林等人几十年的实践清楚地看到获得性是可以遗传的。米丘林利用获得性遗传，把南方果树的栽培范围大大地向北方推进了。此外，许多支持获得性遗传的人列举了大量的事实证实获得性状是可以遗传的。还有人出版专著加以论证，如苏联萨哈罗夫所著的《获得性的遗传》、我国的李璠等编著的《获得性遗传与进化》等。

米丘林亲自栽培和培育的优良品种也证实了他本人的伟大，他留下的《工作原理与方法》等著作影响了无数热爱科学的青年。这个学派的恶名来自政治势力的干预，来自李森科等人的利用，而不是自身的缺陷。

李森科是乌克兰人，1925 年毕业于基辅农学院后，在一个育种站工作。1929 年，李森科发现了一种称为“春化处理”的育种法，即在种植前使种子湿润并冷冻，以加速其生长。李森科夸大自己的发现是消除霜冻威胁的灵丹妙药，为此，乌克兰农业部决定在敖德萨植物育种遗传研究所里设立专门研究春化作用的部门，并任命李森科为负责人。李森科推广

“春化处理”技术，不是依靠严格的科学实验，而是借助于浮夸和弄虚作假，理所当然地受到了正直科学家的批评。

李森科用拉马克和米丘林的遗传学抵制主流的孟德尔—摩尔根遗传学，坚持生物进化中的获得性遗传观念，否定基因的存在，并把西方遗传学家称为苏维埃人民的敌人。

李森科有两个主要反对者，一个是美国摩尔根基因研究团队的遗传学家、诱发突变的发现者穆勒，他认为经典的孟德尔遗传学、魏斯曼和摩尔根的新达尔文主义完全符合科学；另一个是苏联农业科学研究院前任院长 N. I. 瓦维洛夫，他认为孟德尔—摩尔根—魏斯曼学说符合辩证唯物主义。

李森科在理论上辩不过瓦维洛夫，便转而借助政治手段把批评者打倒。1935 年 2 月 14 日，李森科利用斯大林参加全苏第二次集体农庄突击队员代表大会的机会，在会上做了“春化处理是增产措施”的发言。李森科在他的演说中谈到，生物学的争论就像对“集体化”的争论，是在和企图阻挠苏联发展的阶级敌人做斗争。他中伤反对春化法的科学家：“不管他是在学术界，还是不在学术界，一个阶级敌人总是一个阶级敌人……”

李森科得到了斯大林的首肯。由于有斯大林的支持，1931～1936 年，尽管在乌克兰 50 多个地方进行了 5 年的连续实验，表明经春化处理的小麦并没有提高产量，但这动摇不了李森科已经取得的胜利。从此，李森科平步青云，1935 年，李森科获得乌克兰科学院院士、全苏列宁农业科学院院士的称号，并当上了敖德萨植物育种遗传研究所所长。

李森科的反对者开始面临厄运，穆勒逃脱了秘密警察的追捕，而瓦维洛夫则于 1940 年被捕，先是被判死刑，后又改判为 20 年监禁。1943 年，瓦维洛夫因营养不良在监狱中死去。

第二次世界大战后，苏联科学家的影响力大为增加，有人希望战后放松对科学家的控制。1947 年，苏联生物学家锡马尔豪森在苏联主要哲学刊物上，发表了明确批判李森科主义的文章。1948 年，当时在苏联共产党中央委员会主管科学的官员尤里·日丹诺夫接受了包括耶弗罗意蒙孙、留比晓夫在内的苏联生物学家向苏联中央委员会的控诉，认为李森科否定孟德尔遗传学是错误的。日丹诺夫在随后的一次报告中对李森科进行了批判。

然而，李森科寻求斯大林的支持再次获得成功，1948 年 8 月，苏联召开了千余人参加的全苏列宁农业科学院会议，李森科在大会上做了《论生物科学现状》的报告，将苏联的孟德尔—摩尔根—魏斯曼学派与李森科学派之争贴上了政治标签。他把自己全部的"新理论""新见解"概括为几个方面，作为米丘林生物学的主要内容，声称米丘林生物学是"社会主义的""进步的""唯物主义的""无产阶级的"，而孟德尔—摩尔根遗传学则是"反动的""唯心主义的""形而上学的""资产阶级的"。经斯大林批准，苏联正统的遗传学被取缔了。

这次会议使苏联的遗传学遭到浩劫，高等学校禁止讲授摩尔根遗传学，科研机构停止了一切非李森科主义方向的研究计划，一大批研究机构、实验室被关闭、撤销或改组，全苏联有 3000 多名遗传学家失去了在大学、科研机构中的工作，受到了不同程度的迫害。这次会议的恶劣影响波及包括中国在内的众多社会主义国家。

新中国从成立起，就全面学习苏联老大哥，从中学到大学教材，都宣传米丘林学说，颂扬李森科主义，压制摩尔根学派，使米丘林学派在大学、研究机构占据主导地位，严重地阻滞了我国现代生物学与现代生物技术的发展。

斯大林去世后，苏联的文化生活出现了一次解冻。1955 年年底，300 多名苏联科学家联名写信给苏联最高当局，要求撤销李森科全苏列宁农业科学院院长职务。1956 年 2 月，苏共第 20 次代表大会后，对斯大林的个人崇拜受到批判，李森科迫于形势提出辞职，并得到苏联部长会议的批准。

但是，赫鲁晓夫重蹈斯大林的覆辙，再度以政治力量干预学术争论，使得李森科依然得以继续他的反科学事业。1958 年 12 月 14 日，《真理报》发表了题为《论农业生物学兼评〈植物学杂志〉的错误立场》的社论，指责《植物学杂志》发起的那场论战，错误地否定了李森科。苏卡切夫院士被解除了《植物学杂志》的主编职务，一大批反对李森科物种和物种形成"新见解"的科学家被撤职，一批实验室被关闭。1961 年，李森科被重新任命为全苏列宁农业科学院院长。

1964 年 10 月，赫鲁晓夫下台，李森科主义在苏维埃科学院被投票否决。至此，李森科丧失了在苏联生物学界三十余年的垄断地位。李森科主义使苏联的分子生物学和遗传工程学遭到了不可挽回的损失，使苏联失去了两代现代生物学家。

这是科学界一次教训极为深刻的事件，我们要从中汲取教训。

低等生物获得性遗传的例证

导言

获得性状是否能遗传一直是生物进化研究中争论的焦点。生命科学的迅猛发展使获得性遗传学说再获生机。进入20世纪70年代，“反转录酶”的发现和“逆中心法则”的问世，使获得性遗传理论在过去的宏观依据基础上又找到了分子水平上的科学依据。

获得性遗传是“后天获得性状遗传”的简称，指生物在个体生活过程中，受外界环境条件的影响以及主观意愿，产生带有适应意义和一定方向的性状变化，并能够遗传给后代的现象。获得性遗传强调外界环境条件和生存意愿是生物发生变异的主要原因，并对生物进化起推动作用。

获得性遗传是一种非常直观、容易被人理解和接受的遗传现象。拉马克的获得性遗传观点，来自对生物现象的观察以及靠经验得到的感觉和判断。其实，这种感觉不止拉马克有，很多人都有。

达尔文最初是反对拉马克这一观点的，但后来他认识到环境对生物的重要作用，也承认获得性状是可以遗传的。如盲肠之类的退化和萎缩器官的存在，达尔文认为这是用进废退的结果，某些不常用的器官经过世代相传，最后就彻底不用了。他为此举了很多例子，比如太平洋岛屿上的一些鸟，由于岛上没有捕食它们的猛禽，所以它们就不需要费力地飞来飞去，结果翅膀没有用武之地，长期缺乏练习，最后就飞不起来了。

不知道为什么，达尔文这种认识却被后来的支持者给忽略了。获得性状是否能遗传一直是生物进化研究中争论的焦点。

近年来，一些研究团队的研究结果不断地向世人表明获得性状似乎能够遗传。如果获得性状可以遗传，就可以进一步说明环境可引起遗传物质变异。生物学家已发现了不少低等生物后天获得性遗传的实例。例如，用一种酶把枯草杆菌的细胞壁去除后，在特定的生长条件下，它们可以继续繁殖，后代也没有细胞壁，并且这种状态可以稳定地遗传下去，只有把它们放在另外一种生长条件下，细胞壁才会重新生长出来。

哥伦比亚大学研究人员利用一种昆虫病毒感染线虫，发现线虫通过RNA干扰的方式沉默病毒基因从而获得了针对这一病毒的免疫力。在随后的实验中，研究人员刻意通过基因突变的方法让这些线虫的后代失去获得病毒耐受的能力，他们发现这些变异的线虫后代仍然显示出了对抗病毒的能力。研究人员在近一年的时间里对超过100代的线虫进行了追踪，发现它们持续地保有了这一免疫特性。据此，研究人员推断这种抵御病毒的遗传信息应该是通过某些病毒RNA分子而非DNA分子储存的形式传递给后代。

1994年，分子生物学家们培育出了一种新型细菌，这种细菌完全丢失了利用乳糖的基因，靠自身的力量是没法再利用乳糖了。但是，它们还能用其他措施来解决这个问题。

这种细菌自身的基因虽然彻底失去了利用乳糖的基因，但在它们的质粒上却有一段利用乳糖的基因。不过不巧的是，质粒上的这段基因中多了一个碱基，使这种基因实质上处于无效状态。从理论上来说，这种细菌仍然没有利用乳糖的能力。但是，当把这种细菌接种在只含乳糖的培养基上培养时，发生了令人意想不到的变化。

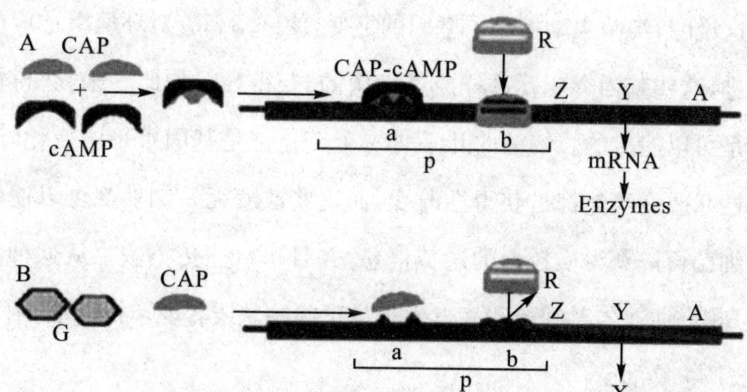

A.无葡萄糖时，cAMP含量增加，可同CAP形成CAP-cAMP激活蛋白复合体，与启动子区域（p）的CAP位点（a）结合，激活转录起始，形成乳糖代谢酶，b为RNA聚合酶结合位点。

B.有葡萄糖（G）时，cAMP含量降低，不能形成CAP-cAMP激活蛋白复合体，不能激活转录起始。

乳糖操纵子作用示意图

按常规来说，细菌还有另一种能力，就是把一些碱基删除掉，这样处理后的基因也就是发生了突变的基因，往往会起负面作用，影响细菌的生理功能，甚至造成死亡。所以，凡是出现了删除的地方，细菌往往又会用专门的蛋白质工具设法把它们补齐，受到伤害的细菌才有可能继续坚强地生活下去。

通过前面的分析可以看出，出现这种结果的可能性很低，首先，必须正好删除那个多余的碱基；其次，细菌的修复系统不能再把被删除掉的碱基补齐。这两者都没有可控性，所以，出现预期的结果是很难的。

虽难，但细菌做到了。它们利用自己天然的基因工程技术，启动复杂的基因重组程序，其中涉及一系列的重组蛋白，最终成功地把那个多余的碱基删除，然后在那个位点降低修复工作的效率，或者不修复，这样就得到了能利用乳糖的正常基因，整个细菌因此在那种贫困的培养基上生活下来。

这说明，细菌主动控制了基因的突变，使细菌朝着对环境更适应的方向前进，这些基因突变就这样成了细菌的“获得性”，如此一来，获得性状真的是可以遗传的。细菌的几乎每一个变化都是基因水平的变化，所涉及的性状改变当然都是获得性改变，而这些改变无一例外都可以遗传下去。细菌可以获得质粒上的遗传信息，并且可以遗传下去。从这种意义上说，获得性遗传对细菌和病毒而言是正确的。或者说，对所有的细胞而言，都是正确的。

在很多低级的微生物和一些高级的植物中可以直接证明获得性状遗传观点的正确性。在这些低级生物中，生物变异性状易于获得，而且相应的变异性状往往与环境协调一致，故而能够遗传下去。

“获得性”是怎样遗传的

▶导言

要证明“获得性”可以遗传，必须要证明“获得性”可以改变遗传物质，变异才能一代一代延续下去。

获得性遗传在高等生物中是否正确呢？其实，在生物界用进废退的现象很普遍，如人的盲肠，将其解释成获得性遗传的例子并不牵强，但问题的关键是要证明“获得性”可以改变遗传物质，变异才能一代一代延续下去。

新拉马克主义者依据逆中心法则，认为性状的改变是因为酶的改变，即蛋白质的改变，可逆向传递到RNA，再传递到DNA，从而改变生物的遗传物质。不过，他们用疯牛病说事，却依据不足。至今，也没有证据表明，遗传信息可以从蛋白质逆向传递到RNA。

朊病毒的发现使分子生物学家对这一问题的答案产生了犹疑。朊病毒的发现曾对中心法则提出了严峻的挑战。

说起朊病毒，大家可能有点陌生，但说起朊病毒引起的库鲁病、疯牛病、早老性痴呆、羊瘙痒症等无药可治、死亡率100%的可怕疾病，知道的人就多了。朊病毒虽然叫病毒，但它与病毒是两种完全不同的“生物”，朊病毒实际上是一种特殊的蛋白质，没有细胞结构，没有DNA，也没有

RNA，甚至比病毒还简单，简单到不知道可不可以将它列入“生物”的行列。

20世纪50年代初，居住在大洋洲巴布亚新几内亚高原的一个有着宗教性食尸习俗的部落里，食尸者中不少人会出现震颤病，最终发展成失语直至完全不能运动，不出一年被感染者全部死亡。这种现代医学所说的震颤病，当地土语称为“库鲁病”。这个部落原有160个村落、35000人，疾病流行期间80%的人皆患此病，整个部落陷入危亡。20世纪50年代后期，在世界卫生组织和澳大利亚政府的干预下禁止了这种人吃人的陋习，该病发病率逐渐下降。

原始部落“吃人”陋习导致库鲁病

20世纪60年代，英国生物学家阿尔卑斯在研究与库鲁病类似绵羊和山羊患的“羊瘙痒症”时发现，用放射处理破坏患病羊组织中的DNA和RNA后，其组织仍具感染性，因而认为“羊瘙痒症”的致病因子并非核酸，可能是蛋白质。由于这种推断不符合当时的一般认识，也缺乏有力的实验支持，因而没有得到认同，甚至被视为异端邪说。

疯牛病表现为多数病牛中枢神经系统出现变化，行为反常，烦躁不安，对声音和触摸，尤其是对头部触摸过分敏感，步态不稳，经常乱踢以致摔倒、抽搐。疯牛发病初期无上述症状，后期出现强直性痉挛，粪便坚硬，两耳对称性活动困难，心跳缓慢，呼吸频率加快，体重下降，极度消瘦，直至死亡。经解剖发现，病牛中枢神经系统的脑灰质部分形成海绵状空泡，脑干灰质两侧呈对称性病变，神经纤维网有中等数量的不连续的卵形和球形空洞，神经细胞肿胀成气球状，细胞质变窄。另外，还有明显的神经细胞变性及坏死。

以后的研究证明，引起库鲁病、疯牛病以及人类的早老性痴呆的病原体都不是病毒，而是不含核酸的蛋白质颗粒。一个不含 DNA 或 RNA 的蛋白质分子能在受感染的宿主细胞内产生与自身相同的分子，且实现相同的生物学功能，即引起相同的疾病，这意味着这种蛋白质分子也是负载和传递遗传物质的物质。这从根本上动摇了遗传学的基础。

后来实验证明，朊病毒确实是不含 DNA 和 RNA 的蛋白质颗粒，它不是传递遗传信息的载体，也不能自我复制，而是由基因编码产生的一种正常蛋白质的异构体。这种蛋白质的异构体一旦产生，会发生连锁反应，如多米诺骨牌一样，正常的蛋白质分子会在发生异构的蛋白质分子影响下，变为异构蛋白质分子。

历史上不少学者企图用实验证明高等生物后天获得性状可以遗传，但都没有成功。例如，法国学者波尼尔 19 世纪末就做过栽植树种的实验。他将每种植物的幼苗分成两份，一份种在巴黎的平原上，它们的植株长得较高，而且这种“高”的性状能稳定地遗传给后代；另一份种在阿尔卑斯山和比利牛斯山山顶上，它们的植株矮小，而且它们的后代也矮小。波尼尔由此得出结论：由环境影响而产生的获得性状是能够遗传的。

但后来有几个美国人重复了这个实验，表明波尼尔的结论是站不住脚的。他们将60多种植物分别种在加利福尼亚的高山和平原上，结果与波尼尔看到的相同，即同一种植物种在平原上的总是高的，种在高山上的总是矮的，并且都能把各自的性状遗传给后代。接着他们又做了交叉移植实验：将高山植物结的种子拿到平原上种，结果它们和它们的后代都长高了；反之，将平原植物结的种子拿到高山上种，结果它们和它们的后代都变矮了。环境只影响了表现型，由于遗传物质并未发生变化，所以这种获得性状不能遗传。高山上紫外线照射较强，故植物长得矮些；平原上紫外线照射较弱，故植物长得高些，但都没有影响到遗传物质的变化。

1980年，加拿大学者戈尔津斯基等报道，免疫实验证明获得性状能够遗传。他们反复将一个品系小鼠的腺细胞、骨髓细胞和淋巴细胞注射给另一品系的小鼠，当这些小鼠8周龄时，随机选10只有耐受性的雄鼠与无耐受性的雌鼠交配，结果发现60%的后代个体具有父亲的获得性状，即能耐受父亲曾接触过的抗原。斯蒂尔认为，编码变异性状的DNA由RNA病毒带至生殖细胞并整合到染色体上，从而使获得性状可以通过有性生殖传给后代。可是，1981年，英国剑桥农业研究会动物生理研究所的霍华德在《自然》杂志撰文指出，戈尔津斯基的实验结果英国几个著名实验室都重复不出来，表明他们的实验是不可靠的。

新拉马克主义与表观遗传学

▶导言

新拉马克主义者依据表观遗传学，提出了一个可以不通过 DNA，而通过转座因子、修饰因子、沉默子等影响遗传性的假说。

长期以来，一直有一种困惑困扰着研究遗传与进化的学者们，他们发现除了基因序列外，似乎还有另外一些因素影响着基因的表达。而这些因素所起的作用，又往往因环境、个体的差异各不相同。这些因素究竟是什么？它们在什么样的情况下起作用？

“遗传的本质是 DNA”几乎成为遗传学家公认的铁律，DNA 携带遗传信息并代代相传从而保持物种的稳定，而 DNA 序列的变化则产生了无穷无尽的变异。达尔文告诉我们，这些变异正是生物体适应环境变化而不断进化的源泉。当表观遗传现象被发现后，人们惊讶地发现，除了基因序列还有很多方法可以调节细胞基因的表达，表现型的变异并非一定要伴随着 DNA 序列的变异，环境因素可以催生表观修饰的改变，生物体记录了这种改变并遗传下来，变异的获得只是在外界压力下产生并遗传。

近年来，表观遗传学被越来越多的学者重视，并且逐步走入公众的视野。除了因为它与人类的各种遗传疾病的病因、预防和治疗密切相关外，更重要的是新研究成果显示表观遗传与“适应性变异”之间的关联，有拉马克主义的因子在里面。

表观遗传学的诞生与发展向人们揭示了后天的环境对基因表达、蛋白质合成乃至物种外在性状的改变的可能性。组蛋白的乙酰化、DNA 的甲基化等，都是在生命进程中时刻发生着的变化，而这些变化很可能导致可遗传的基因组的变化。

有越来越多的证据表明，环境能够通过表观遗传学机制对基因组做出永久性的改变，而这些改变可以在世代间遗传。推广开来也就是：外界环境对生物体的影响得到了遗传。

表观遗传的研究使获得性遗传得到了基于分子机制的解释。表观遗传既然是可遗传的，那就应该是生殖细胞发生了变化。表观遗传学的新的证据会对生物进化的研究产生深远的影响。

不同于强调自然选择、适者生存的进化论思想，拉马克理论认为，动物在出生后才形成像较强的记忆力这样的适应性能力，并将这种适应性能力遗传给后代。

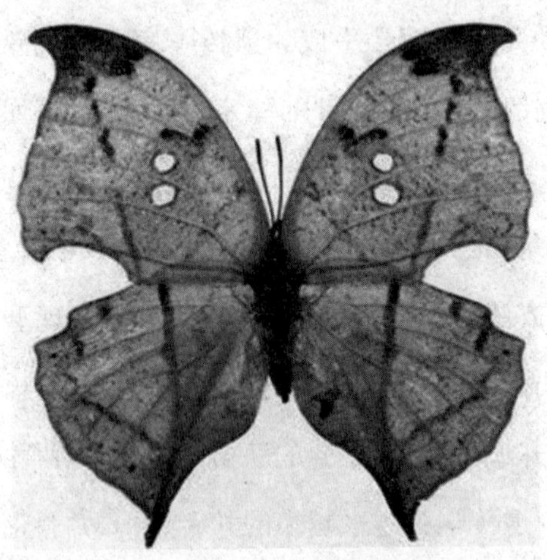

适应环境的枯叶蝶

这种学说在达尔文理论以及其后的孟德尔理论占主导地位时，几乎被抛弃。但近几年，拉马克理论随着科学家对表观遗传学认识的深入有回归的迹象。

新拉马克主义者并不否认自然选择在进化中的作用，但他们认为自然选择在进化中只起了次要的作用，即淘汰有害的变异。他们认为，随机的变异即便是突变，产生的变异基本上是有害的，尽管存在有利的变异，也很难独立地遗传下来。毕竟，表观遗传还未被证明在任何外界压力下会产生性状改变，不能够像DNA遗传那样，“一是一，二是二”，表观遗传学的具体作用机制还需要新的实验证据来充实。当然，要完全证明获得性遗传的存在，还有很长的路要走。一些缺失的环节仍有待发现，表观遗传标记的遗传稳定性还不够。有实验结果表明，表观遗传的印记在没有环境压力的数代之后，可能会渐渐丢失。由于基因调控的机制远比以前想象的复杂，很多机理仍然不清楚，在以上问题得到解答之前，谁也不能对获得性遗传是否存在妄下断论。

从达尔文的后期著作中我们可以发现达尔文表现得越来越相信后天获得性可以遗传，以及在生物进化过程中器官用进废退的重要作用，因而导致他在物竞天择中表达各自的作用时有点儿含糊。当然，达尔文对物竞天择作为主要原动力的信念从来没有动摇，但他承认进化还有其他机制，这说明他知道还有未解答的难题，这些后期著作中的踌躇是他的睿智，是他科学求实精神的体现。

科学，就是在构建—推翻—再构建中曲折前行的。我们需要保持对自然的足够敬畏，或许哪怕一丁点儿的傲慢都会让我们与真理失之交臂。

表观遗传学是与遗传学相对应的概念。遗传学是指基于基因序列改变所致的基因表达水平变化，如基因突变、基因杂合丢失和微卫星不稳定等，而表观遗传学则是指基于非基因序列改变所致的基因表达水平变化，如 DNA 甲基化和染色质构象变化等，表观基因组学是在基因组水平上对表观遗传学改变的研究。DNA 甲基化修饰、组蛋白修饰和第二遗传密码体系的发现，使得表观遗传学逐步得到科学共同体的承认。

表观遗传学的研究将有助于我们回答这样一些问题：什么机制导致同一个细胞内的等位基因（DNA 序列完全相同）发生了功能上的差异？这种差异机制是如何建立，又是如何在连续的细胞传代中维持下去的？从单个受精卵发展成人体中两百多种不同类型细胞的过程中 DNA 的序列也是不变的，这一过程被认为主要受"表观遗传密码"的调控，这一密码是什么？

这一密码包括 DNA 的"后天性"修饰（如甲基化修饰）、组蛋白的各种修饰等。与经典遗传学以研究基因序列决定生物学功能为核心相比，表观遗传学主要研究这些"表观遗传密码"的建立和维持的机制，以及其如何决定细胞的表型（由基因表达谱式和环境因素所决定）和个体的发育。因此，表观遗传密码构成了基因和表型间的关键信息界面，它使经典的遗传密码中所隐藏的信息得到了意义非凡的扩展。

表观遗传学是 20 世纪 80 年代后期逐渐兴起的一门新学科。自 20 世纪 80 年代以来，分子生物学技术的发展也将表观遗传学的研究推向一个前所未有的高潮。尽管表观遗传学研究已有一段时间，但其真正受到广泛重视并取得进展还是近十几年的事，特别是在 2000 年以后，表观遗传学研究已成为当今生命科学研究的前沿和热点。

正如 DNA 双螺旋结构的解码者、诺贝尔奖获得者沃森所说："你可以继承 DNA 序列之外的一些东西。这正是现在遗传学中让我们激动的地方。"

欧盟早在1998年就启动了“表观基因组学计划”，以及旨在阐明基因的表观遗传谱式建立和维持机制的“基因组的表观遗传可塑性研究计划”。美国国立卫生研究院利用由“路标计划”管理的新基金，启动了“表观基因组学研究计划”，一批表观遗传学项目和研究人员获得了数百万到上千万美元的经费支持。

此外，自2001年以来，世界多家知名跨国制药公司陆续开始设立表观遗传学研究中心。

中国科技部于2005年开始启动在表观遗传学方面的研究工作，启动了“肿瘤和神经系统疾病的表观遗传机制”的“973计划”研究项目，重点在于探讨肿瘤和神经系统疾病发病过程中的表观遗传学机制。

目前，我国在表观遗传学的研究至少涵盖了DNA的甲基化修饰与功能，组蛋白的表观修饰与功能，癌症和神经疾病的表观遗传调控，染色质重塑、结构与功能等重要领域，部分研究小组在表观遗传学领域取得了可喜的进展，多项研究成果在包括《细胞》《自然》《科学》等国际权威学术刊物上发表。其中，有代表性的工作如下：中国科学院院士、上海生命科学研究院裴钢率领的研究组开展了肾上腺激素受体GPCR与表观遗传调控的研究；孙方霖教授领导的研究组发现了表观遗传调控的差异，并研究了组蛋白和表观遗传蛋白对染色质高级结构的调控；中国科学院生物物理研究所关于第二遗传密码的研究等。

从总体上来讲，我国在表观遗传学领域已形成一定的研究规模，并显示出参与国际前沿学科竞争的能力。目前，我国表观遗传学研究虽然已取得一些重要进展，但许多重大的关键问题仍然有待解决。

在未来的10年中，表观遗传学的研究将主要围绕这样一些主题展开：表观遗传的机制与功能，表观遗传信息的建立和维持，表观遗传修饰，与表观遗传调控相关的非编码 RNA 的研究。如何将细胞信号网络与表观遗传修饰、染色质重塑乃至基因表达等不同层面调控网络整合，深入认识从信号到表观遗传调控乃至个体生长、发育和对环境适应的分子机理，都是需要解决的重要问题。

表观遗传学是一个令人激动并有望推动生命科学取得一系列重大突破的前沿学科，如何抓住这难得的历史机遇，从一些关键科学问题入手，最终促成我国生物医学的飞跃发展，并最终领先于世界，是值得我们深思的问题。

表观遗传学已经取得的突出成就是：发现了甲基化修饰和组蛋白修饰这两种以及其他“表观遗传密码”的调控机制。

科学家们发现了一种甲基（$—CH_3$），它就像一个帽子，戴上它，基因关闭；摘掉它，基因表达。二者分别被称为甲基化和去甲基化。

以百万计的甲基有些直接附着在 DNA 上面，有些则附着在某些和 DNA 纠结在一起的组蛋白上。当机体不希望某些基因信息被读取时，基因的“启动子”DNA 就被戴上很多甲基帽，使得基因无法从那里读取启动功能。用专业术语说，所谓 DNA 甲基化是指在甲基转移酶的催化下，DNA 的核苷酸碱基被甲基化，胞嘧啶被选择性地添加甲基，形成 5－甲基胞嘧啶和少量的 N6－甲基腺嘌呤和 7－甲基鸟嘌呤。大多数脊椎动物基因组 DNA 都有少量的甲基化胞嘧啶。甲基化位点可随 DNA 的复制而遗传，因为 DNA 复制后，甲基化酶可将新合成的未甲基化的位点进行甲基化。

在 DNA 甲基化转移酶的作用下，基因组中有一类“非编码”基因（专业术语称 CpG 岛）总是处于未甲基化状态，并且与 56％的人类基因组编码基因相关。人类基因组序列草图分析结果表明，人类基因组 CpG 岛约为28890个，大部分染色体每1 Mb就有5～15个CpG岛，CpG岛的数目与基因密度有良好的对应关系。

DNA的甲基化可引起基因失活，导致“基因沉默”，与人类发育和肿瘤疾病有密切关系，特别是CpG岛甲基化所致的抑癌基因转录失活而增加患癌风险，引起了人们的极大关注。

现有多种已知的机理可以说明表观遗传甲基化修饰DNA，像开关一样，掌管着基因的活化和关闭。通过开启和关闭基因，甲基不改变基本的DNA链就可以对细胞和机体的形态与机能产生深远的影响。如果甲基的正常模式被改变，那么新的模式就能遗传给子孙后代。

表观遗传并非只是DNA甲基化这么简单。科学家们发现，对基因组的表观遗传修饰还包括可供DNA缠绕的组蛋白的修饰、染色质的重塑、微小RNA的调节等诸多内容。

科学家们发现组蛋白乙酰化与基因活化和DNA复制有关，组蛋白去乙酰化则与基因的失活有关。乙酰化酶家族可作为激活因子调控转录，调节细胞周期，参与DNA损伤修复，还可作为DNA结合蛋白。去乙酰化酶家族则和染色体易位、转录调控、基因沉默、细胞周期、细胞分化和增殖以及细胞凋亡有关。

科学家们发现了基因组印记。基因组印记是指来自父方和母方的等位基因，基因组印记上带有父亲或母亲的遗传特性，并能传给子代。已发现的印记基因大约80％成簇，这些成簇的基因被位于同一条链上的顺式作用位点所调控，该位点被称作印记中心。印记基因的存在反映了性别的竞争，从发现的印记基因来看，父方对胚胎的贡献是加速发育，而母方则限制胚胎发育的速度，亲代通过印记基因影响下一代，使他们具有性别行为特异性，以保证本方基因在遗传中的优势。

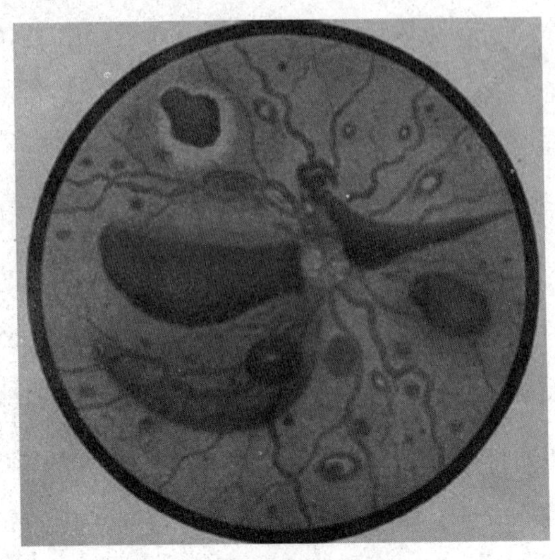

组蛋白修饰

印记基因的异常表达引发伴有复杂突变和表型缺陷的多种人类疾病。研究发现许多印记基因对胚胎和胎儿出生后的生长发育有重要的调节作用，对行为和大脑的功能也有很大的影响，印记基因异常同样可诱发癌症。

科学家们还发现了功能性非编码RNA在基因表达中发挥重要的作用，非编码RNA对防止疾病发生有重要的作用。非编码RNA不仅对整个染色体活性进行调节，也对单个基因活性进行调节，它们对基因组的稳定性、细胞分裂、个体发育都有重要的作用。RNA干扰是研究人类疾病的重要手段，通过其他物质调节RNA干扰的效果以及实现RNA干扰在特异组织中发挥作用是未来RNA干扰的研究重点。

基因沉默的发现也是表观遗传学取得的重要成就之一。基因沉默是真核生物细胞基因表达调节的一种重要手段。

基因沉默现象首先在转基因植物中被发现，接着在线虫、真菌、昆虫、原生动物以及大鼠中陆续被发现。大量的研究表明，环境因子、发育因子、DNA 修饰、组蛋白乙酰化程度、基因复制数、位置效应、生物的保护性限制修饰以及基因的过度转录等都与基因沉默有关。

基因沉默是基因表达调控的一种重要方式，是生物体基因调控水平上的一种自我保护机制，在外源 DNA 侵入、病毒侵染和 DNA 转座、重排中有普遍性。对基因沉默进行深入研究，可帮助人们进一步揭示生物体基因遗传表达调控的本质，掌控基因沉默的现象，从而使基因按照人们的需要进行有效表达。

事实证明，DNA 并不是唯一的遗传信息载体，表观遗传修饰后的获得性至少有一部分是能遗传的。

2003 年，美国杜克大学教授兰迪·朱特尔和罗伯特·沃特兰博士的研究结果证明，某些甲基化是可以遗传的。

2007 年，日本科学家在小鼠体内发现一种称为 stella 的蛋白质能够有效保护卵细胞中某些基因的甲基化修饰，并传给下一代。研究人员还得出结论，基因的甲基化或者去甲基化和环境的改变息息相关。也就是说，虽然遗传信息没有改变，但环境的改变、丰富的经历甚至不良的习惯，都有可能遗传给后代。

2009 年，来自拉什大学医学中心和塔夫茨大学医学院的科学家对一些小鼠的遗传基因进行人为突变，使其智力出现缺陷。当这些小鼠被置于丰富环境中进行刺激并频繁与各种物体接触两周后，它们原有的记忆力缺陷得到了恢复。数月后，小鼠们受孕。虽然它们的后代也出现了和母亲同样的基因缺陷，但没有接触复杂丰富环境的新生小鼠丝毫没有记忆力缺陷的迹象。

在一项小鼠研究中，研究人员发现环境压力会使雄性鼠产生攻击性行为，并且其后代也遗传了同样的行为。值得注意的是，这些子代小鼠体内特定基因的DNA甲基化模式发生了改变。这类研究都支持了一种观点，即环境的选择性压力会通过表观遗传学影响DNA并传递给子细胞及后代。

2011年6月，马萨诸塞大学医学院的科学家们发现，当果蝇处于胁迫条件下，它们会因适应环境而发生改变：原本紧密结合在“异染色质”DNA缠绕区的一种转录因子被释放出来，这些缠绕区域得以解开并进行复制。目前已经有证据表明，生物中的表观遗传学修饰可以跨代遗传。

类似的例证更多地见于植物。后天的影响能在亲代中造成持续的表观遗传修饰，并表现为一定的性状改变，这种后天获得的性状至少有一部分能遗传。可见，上述众多研究成果已为表观遗传具有一定的“获得性遗传”特征提供了越来越多的证据支持。

生物学家很多年来一直怀疑一些表观遗传发生在细胞水平上。我们身体里不同的细胞就是一个例子。尽管有着确切的同样的DNA，皮肤细胞和脑细胞在形态与功能上还是有很大区别的。一定有不同于DNA的原因，使得它们在分化开来之后皮肤细胞一直保持着自己的特征。

随着生命体第二密码体系载体的发现，表观遗传学站稳了脚跟。同时，生物进化的多种机制，包括自然选择、获得性遗传、分子中性进化、渐变与灾变，多元化的理论逐步取得共识。